李仁娜　闫会玲　李　倩　编著

西安芷欣花道教室　插花插图

# 心灵憩所花草间——菊科家族

如烟往事忘却

心底无私天地宽

陕西新华出版

陕西科学技术出版社

Shaanxi Science and Technology Press

西安

## 图书在版编目（CIP）数据

心灵憩所花草间 : 菊科家族 / 李仁娜, 闫会玲, 李倩编著. — 西安 : 陕西科学技术出版社, 2024.3
ISBN 978-7-5369-8856-9

Ⅰ. ①心… Ⅱ. ①李… ②闫… ③李… Ⅲ. ①菊科—普及读物 Ⅳ. ①Q949.783.5-49

中国国家版本馆CIP数据核字（2023）第211117号

心灵憩所花草间——菊科家族
XINLING QISUO HUACAOJIAN——JUKE JIAZU

李仁娜 闫会玲 李 倩 编著

| | |
|---|---|
| 责任编辑 | 王文娟　赵泰俪 |
| 封面设计 | 建明文化 |

| | |
|---|---|
| 出 版 者 | 陕西科学技术出版社 |
| | 西安市曲江新区登高路1388号陕西新华出版传媒产业大厦B座 |
| | 电话（029）81205187　传真（029）81205155　邮编710061 |
| | http://www.snstp.com |
| 发 行 者 | 陕西科学技术出版社 |
| | 电话（029）81205180　81206809 |
| 印　　刷 | 西安五星印刷有限公司 |
| 规　　格 | 880mm×1230mm　32开本 |
| 印　　张 | 8 |
| 字　　数 | 140千字 |
| 版　　次 | 2024年3月第1版 |
| | 2024年3月第1次印刷 |
| 书　　号 | ISBN 978-7-5369-8856-9 |
| 定　　价 | 68.00元 |

# 前　言

　　菊花原产于中国，与中国悠久的历史和灿烂的文化有着密不可分的联系。菊花不仅是常见的观赏花卉，还是茶饮佳品，更是可入药治病的优良药材，正可谓"小"菊花"大"能耐。菊科花卉通常被认为是秋季的代表花卉，它们色彩丰富，形态各异，从小巧的蒲公英到华丽的百日菊，应有尽有。赏菊会让人感到欣慰和宁静，因菊花具有清寒傲雪的品格，才有陶渊明的"采菊东篱下，悠然见南山"的名句。菊花也是一种文化象征，在一些亚洲国家，菊花代表吉祥和长寿，给人带来精神上的愉悦。走进菊花世界，你会了解到更多菊花之美。

　　《心灵憩所花草间——菊科家族》主要介绍了菊科常见花卉的形态、分布、习性、栽培、应用，以及它们带给我们的心灵触动，读者可以更好地体会到菊科花卉的生命魅力。菊科花卉盛开也美、凋零也美、生长也美、枯萎也美，它为大自然增添了一份勃勃生机。亲近大自然不能只是感知自然，更重要的是阅读自然。我们在赏菊时，不仅需感知其形态的各异、品种的多姿，更需穿越中华民族漫长的几千年历史长河，品味文人墨客笔下菊花的独特风骨，传承发扬"菊"文化，让我们与菊相伴，舌尖品"菊"味，指尖绕"菊"艺。

《心灵憩所花草间——菊科家族》用植物美、文学美和艺术美激发读者的阅读兴趣。相信读完本书，你会迫不及待地和家人、朋友一起亲近大自然，到大自然中寻找菊科花卉。希望大自然澄澈干净的力量能帮你找到住在你内心的"孩子"，而这个"孩子"的心中一定有一棵花草，可以繁茂自己的人生。让我们与芸芸众生一起呼唤、奔跑和感悟，敬畏生命，热爱生活。

本书由陕西省科学院科学普及与科技文化产业专项资助出版。（项目编号：2021K-30）

编者

2022 年 4 月 7 日

# 目　录
## CONTENTS

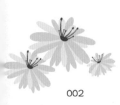

## 第三章 诗词里的"菊"文化

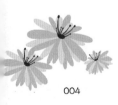

## 第四章　指尖上的"菊"艺

## 第五章　舌尖上的"菊"味

## 第六章　结语

# 第一章 写在之前

## 1. "她" 平凡却滋润心灵

　　菊科是被子植物中种类最多的一个科，约1000属，25000～30000种，其中中国有200余属，2000余种。菊科植物也是一个分布广泛的类群，无论是烈日炎炎的热带、水热充沛的亚热带还是冬季严寒的寒温带，无论是平均海拔4米左右的黄浦江边还是海拔高达5000米的青藏高原，都有菊科植物的分布。

　　菊科植物绝大多数是草本，只有少数为灌木或乔木。多年生的草本菊科植物有自己独特的抵御寒冬的方式。例如，在冬季来临时，菊芋（*Helianthus tuberosus*）的地上部分会枯萎，但地下富含淀粉的块茎不会死，而是进入休眠状态，待第二年春暖花开时，地下茎再发芽长成植物体。这种御寒方式比只靠落叶过冬的树木效果要好得多。菊科植物的生活习性降低了冬季极端天气的影响，这可能也是它分布广泛的原因之一。

　　菊科植物具有似花结构的头状花序，适于虫媒传粉。人们常说"朵朵葵花向太阳"，其中所指的葵花就是菊科植物的头

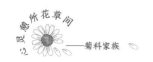

状花序结构，因头状花序形态特殊，常常被误认为是一朵花。在植物的进化中，异花传粉可以避免近亲繁殖，提高子代遗传多样性，因此被认为是一种进化的传粉方式。而正是头状花序特殊的结构，才促成了菊科植物异花传粉的实现。以向日葵为例，头状花序最外围绿色的总苞似花萼，起着保护作用；外围大型、美丽但不育的舌状花起着吸引昆虫传粉的作用；中间的花冠退化，数量巨大；可育的管状花肩负着产生大量种子和果实的作用。外围少量的舌状花虽付出了不能产生后代的代价，却吸引了大量的传粉昆虫造访管状花。正是由于这两种花的相互配合，在功能上分工合作，才使得菊科植物异花传粉成功，并繁育出大量生命力顽强的后代。

菊科植物的种子不仅数量多，而且往往长有形态各异的冠毛、刺毛、钩等附属物，这些附属物在帮助种子远距离传播、扩大分布范围上起着举足轻重的作用。例如，蒲公英（*Taraxacum mongolicum*）就是以冠毛帮助种子远距离传播。蒲公英纺锤形种子的顶端带有一柄降落伞状的冠毛，吹风时可以将种子带到很远的地方。苍耳（*Xanthium strumarium*）果实上密被的钩刺和细毛也能借助动物或人的帮助进行远距离传播。这些附属结构能将菊科种子传播到新的生境，这也是该类群数量大、分布广的原因之一。

一位园艺专家曾这样形容菊科植物："菊科家族是高等植

物界里的'日不落'家族，它拥有20000种以上的成员，分布在地球上的各个角落，包括最热的赤道与最冷的极地。"菊科植物营造了生机勃勃的壮观景象。阿根廷科学家曾在美国《科学》杂志上发表论文，称研究发现南美洲有一种4750万年历史的化石植物属于菊科，这为菊科植物起源于南美洲的学说提供了证据。结合以往发现的化石来看，菊科植物的祖先可能诞生于冈瓦纳古陆南部，这块推测存在于南半球的古大陆后来分裂成了南美洲、非洲和澳大利亚。在此后漫长的历史中，菊科植物成功地繁衍到了今天的规模，大部分供观赏和园林绿化，还可供药用、食用、工业用。在园林绿化中，菊科花卉凭借株型变化大、花期长、色彩丰富、艳丽多姿等特点，为应用搭配提供了丰富资源。其中多年生菊科花卉具有广泛的适应性，抗旱、抗寒、抗热、耐盐碱、抗病虫害，整个生长过程基本不需要施肥，对水分需求少，便于粗放管理，一次种植、多年观赏，深受人们喜爱。利用多年生菊科花卉植物的丰富色彩来营造植物景观，不仅具有生态性、经济性，对丰富城市植物景观色彩也具有重要意义。菊科是被子植物中最大的一个科，在植物演化史中比较年轻，对环境适应能力强、分工精细、种类多、分布范围广，是植物王国中的佼佼者。因此，可以充分发挥菊科花卉的特色与优势，建设低碳节约型生态园林景观。

# 2. 秀美乡村中有"她"一抹身影

自然界中生长的植物种类千千万万，其中种类和数目较庞大的就是菊科植物，菊科植物凭借其超强的适应能力，把自己的种子传播到了世界各地。不同菊科植物千差万别，有着各自的光芒和色彩。优良的生态环境是"美丽乡村"的基本指标，在秀美乡村的花海中，菊科植物占据了半壁江山，形成了一道靓丽的风景线。乡村路网的植物配置中有充满自然野趣的菊科植物，马路绿化带种植的五彩斑斓的菊科植物格外养眼，它们盛放在夏秋的朝晖中，和乡村、步道相映成趣，一幅美丽乡村、魅力乡村的生态画卷迎面铺开，菊科植物像一群不起眼的小精灵，"点亮"了乡村的灯盏，给人们奉上了一缕温暖。

菊科植物的品种繁多，其中最为著名的当数菊花。每当秋风吹过，菊花点缀在田野和路边，花朵如同阳光，照亮了整个乡村。路过菊花花海的人们，总会忍不住停下脚步，欣赏这些美丽的花朵。菊花的姿态各异，有的细长柔美，有的圆润饱满，每一朵都像是一件艺术品。金黄色的菊花，在阳光

006

下格外耀眼，让人感到温暖
和欣慰；白色的菊花，给人
以清新淡雅的感觉，如同初
雪中的清新空气；粉色的菊
花，则给人以柔美和温馨的
感觉，让人不禁心生柔情。不同品种的菊花在色彩、形态上都
有所不同，散发出各自独特的魅力。人们置身于繁花丛中，感
受着田间的鸟语花香，所有的压力与烦恼，顷刻间就被这美景
带走。

## 3. 城市园林中有"她"一席之地

　　菊科大家族的成员千姿百态。夏、秋季节是菊科植物的
天下，你在路边看见的小野花，不少都是菊科的宝贝。多数菊
科花卉适应性较强，植株整齐，盛花时铺天盖地。菊科植物是
我国园林绿化建设的中流砥柱，它们容易管理，抗逆性强，能
适应我国大部分地区的气候环境，是打造大面积花带、花海的
绝佳选择。菊科花卉种类丰富、花色明丽、花期较长、经久不
凋，多数抗性较强，能耐受汽车尾气，因此也是城市园林布景
与道旁绿化的理想材料。它们常被用于基础栽植，点缀林间草

坪，布置花坛、花境、岩石园等，可以根据其外观与生长习性来合理布置，以品种间的高度差创造花境或景观立体的美感。

城市园林里的菊科植物，总是让人心旷神怡。在都市的喧嚣中，它们是一片清新的绿洲，给人带来愉悦和惊喜。每当人们身心俱疲时，总在心底呼唤一个种满花草的地方，这个地方可以让时光变慢，使人们疗愈心灵，回归宁静，享自然之乐。人置身于大自然时，心情就会欢畅。当心中沉闷郁结时，漫步在公园里，满眼皆是赏心悦目的新绿，植物旺盛的生机能消解胸中的愁闷，换以难得的清爽和舒畅，从而使心中积郁一扫而空，心情豁然开朗。城市园林里的菊科植物品种繁多，最为常见的当属菊花。在园林的各个角落，可以看到不同品种、不同颜色的菊花，它们散发出浓郁的香气，让人感到舒适和愉悦。每到秋天菊花盛开时节，花海遍布整个城市园林，让人们仿佛置身于一个五彩斑斓的世界之中。

除了菊花，城市园林中还有许多其他的菊科植物，例如波斯菊、莴笋、菊苣等，这些植物都有着不同的特点和用途。例如，波斯菊不仅花色丰富，而且花期长，能够延长菊花的观赏期，而菊苣和莴笋则是城市居民餐桌上的常见蔬菜，具有极高的营养价值。除了观赏和食用价值外，菊科植物还有着深厚的文化内涵。在中国传统文化中，菊花是高洁、傲气和清雅的象征。宋末诗人郑思肖曾写下"宁可枝头抱香死，何曾吹落北风中"的诗句，赞扬菊花高洁不屑凡尘的精神；菊花也常常出现在中国画、诗歌和小说中，成了文化艺术中的重要元素。

城市园林中的菊科植物不仅具有观赏价值和食用价值，还可作为文化载体，更是城市生态环境的重要组成部分。菊科植物在吸收空气中的二氧化碳、有毒有害等物质的同时，还能释放氧气，净化空气，提高城市的空气质量。此外，菊科植物还能够保持城市土地的水源涵养能力，改善城市水资源的利用效率。

生活在城市中的每个人大概都想拥有一个心仪的庭院，

庭院中种植着各色菊科花卉，日出而作，日落而息，过着诗意的生活。备一份闲情养花弄草，其实也是存一份"净气"抵挡世间浮躁；泡一壶热茶暖手暖身，其实也是喝一种心境品味人生。正如王小波所言："诗意的生活并不是矫情的造作，而是在庸常生活里让自己带一点格调与品位做事，把生活过得浪漫有趣，不让自己活得粗糙。"

# 第二章　花开花落

　　人有人言，花有花语。花开在自然，那是生命的娇艳，用以回报自然；花捧于手中，那是感情的寄予、交往的需要。人们借花的娇艳、馨香、温情，来传递感情，表达思想，我们称之为"花语"。

## 1. 净血之王——松果菊

　　松果菊（*Echinacea purpurea*），菊科松果菊属。

松果菊（卜洁拍摄）　　　　　　松果菊（卜洁拍摄）

　　形态：多年生草本，茎自基部生出，高50～120厘米，2～3分枝，每枝着化1朵。基生叶长椭圆形，茎生叶较小，边缘

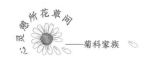

有锯齿。头状花序，舌状花紫红色，管状花常深棕色，集聚成圆锥状，花期为6~8月。

分布：原产北美。世界园林普遍栽培。

习性：喜光照充足、温暖湿润的环境，稍耐阴，耐低温，抗干旱，适宜肥沃、深厚、富含有机质的土壤。

栽培：一般少量播种用育苗盘，大量可在大田苗床中播种，也可通过调整播种期来调节花期。栽植时注意株距，密植如导致通风不畅可引发病害。越冬前剪除地面以上的茎叶，停止浇水，保持土壤干燥。

应用：松果菊花形较大，花色鲜艳亮丽，株型整齐，茎秆直立挺拔，花期长、可调控，养护成本低，应用范围广，是一种极易推广的花卉。可作背景栽植或作花境、坡地材料，亦可作切花。松果菊的治疗用途十分广泛，可以治疗各种炎症和感染，其疗效得到了越来越多临床医生的肯定。

松果菊学名中的"echinacea"来源于希腊语"echinos"，意思是刺猬，看看花朵中间的突起也不难理解。松果菊的花着生在细长挺立的花茎顶端，人们肉眼所见的花朵中心是一个由很多管状花集生而成的头状花序，边缘集生着一枚枚彩色的花瓣。随着花朵的开放，花心的管状花逐渐变大，高高隆起，像颗小松果一样。用手摸上去，"小松果"还毛扎扎的，很坚硬。冬天花瓣全部凋落时，中间的"小松果"也不会掉落。

当夏天暖暖的风吹过，松果菊盛开的那一刻，没有人会不为它们驻足。松果菊初开的时候，花瓣是平展的；慢慢地，舌状花就会往下走，中间的"小松果"就更明显了。松果菊的花盘上有硬的钝刺，手感很像塑料的梳子。松果菊的花随着夏风摇曳，吸引着蝴蝶、蜜蜂，众多凸起的管状花是它们的最爱，英国皇家园艺学会因此把松果菊标为"重点蜜源植物"。漫步在松果菊花海中，时常可见花蝶共舞的景观，很是迷人。据研究，松果菊根中含有多种活性成分，具有增强免疫力的功效，还可以辅助治疗感冒、咳嗽和上呼吸道感染等疾病。

**知识小拓展**

### 最短命的植物和叶片最甜的植物

有两种菊科植物占据了"世界之最"——最短命的植物与叶片最甜的植物。在沙漠中有一种叫作短命菊的菊科植物，只能活几个星期。世界上叶片最甜的植物，则是菊科中的甜叶菊。实验表明，甜叶菊有降血压、治疗糖尿病等药用价值。

## 2. 遇见幸福——矢车菊

矢车菊（*Centaurea cyanus*），菊科矢车菊属。

矢车菊（卜洁拍摄）　　　　　　矢车菊（卜洁拍摄）

形态：多年生丛状草本，茎直立，不分枝或少分枝，粗壮。叶倒披针形或狭卵圆形，全缘或有浅齿。头状花序；总苞片多层，棕色，干膜质，顶端流苏状；管状花多数，黄色；花期为4～5月。

分布：原产高加索地区。现已散播世界各地。

习性：喜光，耐部分遮阴，耐低温，稍耐干旱，一般干燥或中等潮湿、排水良好的土壤均可种植。

栽培：秋季在大棚中播种，或春季在苗床内播种，覆土2毫米，适温15～20℃，7～20天萌芽，黑暗的条件促进种子萌发。幼苗长到5厘米、至少有2片真叶时，移植到营养钵中培育，秋播苗在大棚中越冬，第二年春季栽植园地。定植后不宜移栽或分株；如要分株，可在春季或秋季进行，尽量少伤根。

应用：矢车菊花期吸引蝴蝶采蜜，果期吸引小鸟采食种子。适合在庭院、花园、生态度假区等公共绿地片植，或作花境的配置材料，花枝可作鲜切花或干燥花。

说到夏天，让人不由自主地想到的便是那一抹清凉的蓝色，蓝天、大海……蓝色不仅在视觉上、触觉上让人感到清凉，同时也给我们带来心旷神怡的感觉，它好像有一股神秘的力量，吸引着我们去探寻它的美。所以，夏日里如果缺少这抹蓝色，怎么算得上是"疯狂一夏"？矢车菊因其清丽的色彩、美丽的花形、芬芳的气息、顽强的生命力博得了人们的赞美，人们喜爱象征幸福的矢车菊。在欧洲，蓝色矢车菊是一种家喻户晓的野花。后来经过人们多年的培育，它的"野"性少了，花变大了，颜色变多了，有了白色、粉色、紫色等，当然最常见的还是蓝色。据说在英国，单身男士相亲时喜欢把它作为襟花佩戴在西服的花眼里，因此蓝花矢车菊还有个别名，叫"单身汉的纽扣"。矢车菊是德国国花。据说，普鲁士皇帝威廉一世的母亲路易斯王后，在一次内战中被迫离开了柏林。在逃难途中，车子坏了，她和两个孩子停在路边等待的时候，发现路边盛开着很多蓝色的矢车菊，路易斯王后就用这种花编成花环，戴在了九岁的威廉一世的胸前。后来，威廉一世加冕成了德意志皇帝，仍然十分喜爱矢车菊，认为它是吉祥之花。矢车菊的花语是细致、优雅、幸福。

知识小拓展

## 菊科奇珍——珍奇罕见的天山雪莲

天山雪莲，又名"雪荷花"，维吾尔语称其为"塔格依力斯"，多年生草本植物，属菊科风毛菊属。天山雪莲是新疆特有的珍奇名贵中草药，生长于天山山脉海拔4000米左右的悬崖陡壁之上，冰渍岩缝之中。那里气候奇寒、终年积雪不化，人们奉雪莲为"百草之王""药中极品"。早在清代，赵学敏著的《本草纲目拾遗》一书中就有"大寒之地积雪，春夏不散，雪间有草，类荷花独茎，婷婷雪间可爱"和"其地有天山，冬夏积雪，雪中有莲，以天山峰顶者为第一"的记载。关于雪莲的形态和生境，贾树模1936年在《新疆杂记》中就有这样的描述："雪莲为菊科草本……生雪山深处，产拜城、哈密山中。"1000多年前，唐代边塞诗人岑参曾经这样吟唱雪莲："耻与众草之为伍，何亭亭而独芳！何不为人之所赏兮，深山穷谷委严霜？"

# 3. 飘逸清香——菊花

菊花（*Chrysanthemum morifolium*），菊科菊属。

菊花（李仁娜拍摄）　　　　　菊花（李仁娜拍摄）

形态：多年生草本，高50～150厘米，茎直立，分枝或不
分枝。叶互生，卵形至披针形，羽状浅裂或半裂，叶背有毛。
头状花序，总苞片多层，舌状花有黄、白、红、绿、紫等色，
管状花黄色，花期为10～11月。

分布：原产中国，在我国已有3000余年的栽培历史。栽培
品种极多，世界各地广泛栽培。

习性：喜光照，忌荫蔽，耐寒，忌水涝，适宜地势高、干
燥、疏松肥沃、排水良好的沙质土壤。

栽培：有性繁殖用于新品种选育，生产上采用扦插、分
根、压条、嫁接等无性繁殖，成活后上盆管理。盆土始终保持
湿润，但不可积水，薄肥勤施。培育期根据目标，及时做好摘
心、抹芽、除蕾。短日照植物在长日照情况下可营养生长，短

日照情况下利于花芽分化。可以人为地控制光照时间、调节温度来控制花期。

应用：菊花姿态万千，姹紫嫣红。我国各地都常举办菊花展，展示各类标本菊、大立菊、盆景菊、悬崖菊等，以营造喜庆祥和的节日气氛。

菊花色彩缤纷艳丽，有单色亦有复色，除蓝色以外，几乎应有尽有，且形态亦变化多姿。依花瓣形态可分为平、桂、管、匙、畸等类，依花型则有卷散、叠球、钩环、龙爪、垂丝、莲座等型。飞舞叠散，平垂旋卷，或倚、或倾、或俯、或仰，似歌、似舞、似语、似笑……尽态极妍，美不胜收。菊花傲霜开放、凌寒不凋、花容艳美、韵致高雅，被誉为"花中四君子"之一，深受世人喜爱，也备受历代文人墨客的青睐。我国古籍《礼记·月令》中有"季秋之月，鞠有黄华"之句，"鞠"是菊的古写，"华"者"花"也。历史上写菊的诗人众多，晋代陶渊明爱菊成癖，"采菊东篱下，悠然见南山"，成为千古传颂的名句。唐宋时期的人们种菊赏花，蔚然成风，"菊社""菊展"年年举行，记载菊花栽培技术的专著《菊谱》《范村菊谱》等相继问世。元、明、清以来，又有《黄花传》《广群芳谱》《艺菊书》《花镜》等书籍出版，列述菊花近500种。

经过长期的自然选择和人工杂交育种，我国菊花已有3000多个品种，深受广大人民的喜爱，它与兰、水仙、菖蒲一起被誉为"花草四雅"。

深秋时节，园中赏菊不失为一种高雅的休闲文化活动。如何赏菊？不同的人有不同的欣赏观点，不同的欣赏观点有不同的标准。有人以株型而论，有人以花型而评，亦有人以稀奇为贵。但不论何种观点，总离不开菊花的"色、香、姿、韵"四品。赏菊时，我们不应单看花朵是否硕大，须知花朵小者亦有可观之品。"色、香、姿"是菊花的外在美，而菊花的"韵"是指整个花期的变化。此外，美好的菊花还应枝叶扶疏、高矮适度，这样才符合"花繁叶茂"的精神。

# 4. 山野精灵——蒲公英

蒲公英（*Taraxacum mongolicum*），菊科蒲公英属。

蒲公英（卜洁拍摄）

蒲公英（卜洁拍摄）

形态：多年生草本植物。根圆锥状，表面棕褐色，皱缩。叶边缘有时具波状齿或羽状深裂，基部渐狭成叶柄，叶柄及主脉常带红紫色，花莛上部紫红色，密被蛛丝状白色长柔毛。头状花序，总苞钟状，瘦果暗褐色，长冠毛白色，花、果期为4~10月。种子上有白色冠毛结成的绒球，花开后随风飘到新的地方孕育新生命。

分布：多分布于北半球，我国大部分地区均有分布。

习性：适应能力强，喜光，耐寒、耐热、耐干旱、耐贫瘠，抗病能力很强，很少发生病虫害。

栽培：蒲公英繁殖采取播种和分株两种方法，种植方法简单，成活率较高，但要选择沙质、荒漠、半荒漠土壤，灌水不宜过多，保证土壤松散。长日照有利于开花结果。

应用：蒲公英是花、是草、是菜，又是药，是一种极具开发前景和广泛应用价值的多功能园艺、园林植物。

蒲公英别名黄花地丁、婆婆丁等，是菊科多年生草本植物，头状花序，种子上有白色冠毛结成的绒球，花开后随风飘散。"花罢成絮，絮中有子，因风飞扬"，春天到了，整片大地布满了金黄色的蒲公英。蒲公英很平凡，它虽然没有牡丹那么艳丽，也没有丁香那么香，但是它用它那朴素的美丽吸引着人们的目光，传播着春天的气息。蒲公英在刚刚长出来时，它那锯齿状的叶子，分散在两侧，像是一棵棵野草，很难引起人们的注意。不久，蒲公英的中心便伸出一个个"小枝干"，那就是它的花苞。等到果实成熟时，形似一个个白色绒球，十分柔软，花苞里的种子像一把把小小的"降落伞"，随风飘到新的地方安家落户，孕育新的生命。

蒲公英抽出花茎，在碧绿的草丛中绽开朵朵淡黄色的小花。花朵朝向太阳，在暖暖的阳光中轻轻地随风摇曳。蒲公英的特性就是迎风飞扬，自由自在，没有任何东西能约束它，它的花语与它的特性一样，表示无法停留的爱，即使有感情也不想被束缚。暮春，随手摘一棵蒲公英，用嘴轻轻一吹，降落伞一样的种子，随风飞到很远的地方。蒲公英就是这样借助风力把它的种子传向四面八方的，每一颗种子将在远离母亲的各个角落

繁殖生长。

众所周知，蒲公英被称为"药草皇后"，蒲公英的杀菌和抗炎作用非常好，尤其是对于慢性肝炎，蒲公英有一定的抗病毒作用。蒲公英不仅对缓解肝郁有一定作用，而且对乳腺炎等疾病也有很好的缓解作用。喝蒲公英浸泡的水有助于促进新陈代谢。蒲公英中色素的主要成分是 β-胡萝卜素，β-胡萝卜素具有很强的抗氧化作用，对某些肿瘤和心血管疾病具有一定的预防作用。除此之外，胡萝卜素在进入人体后会转化成维生素A，能够起到保护视力的作用。

## 知识小拓展

### 菊科蔬菜——生菜

生菜（*Lactuca sativa* var. *ramosa* Hort.），叶用莴苣的俗称，又称鹅仔菜、唛仔菜、莴仔菜，属菊科莴苣属。一年生或二年生草本作物，叶长倒卵形，密集成甘蓝状叶球，可生食，脆嫩爽口，略甜。生菜原产于欧洲地中海沿岸，由野生种驯化而来，古希腊人、罗马人最早食用。生菜传入中国的历史较悠久，东南沿海，特别是两广地区栽培较多，近年来栽培面积迅速扩大，生菜也由宾馆、饭店进入寻常百姓的餐桌。

# 5. 凡间精灵——大丽花

大丽花（*Dahlia pinnata*），菊科大丽花属。

大丽花（李仁娜拍摄）　　　　　大丽花（李仁娜拍摄）

　　形态：多年生草本，高150~200厘米，具大型肉质块根。茎直立，多分枝。叶1~3羽状全裂，裂片卵形或长圆状卵形，上部叶有时不分裂。头状花序，栽培品种皆为舌状花，白、黄、紫、红等色，花期为6~12月。

　　分布：原产墨西哥。我国北方各地栽培广泛。

　　习性：喜光照充足、通风良好的环境，不耐荫蔽，不耐寒，忌酷暑与湿涝，适宜疏松、肥沃、排水良好的沙质土壤。

　　栽培：常用分根或扦插繁殖。苗期通过多次摘心抹芽，促进分枝；现蕾后疏花，仅保留分枝顶端花蕾，确保花大色艳。施肥以底肥为主，追肥做到薄肥勤施。冬季块根可保藏于锯末或沙土中，藏于室内即可。

　　应用：花型多样，花色丰富，可在花坛中群植，或在小型

庭院中3～5株缀植，矮生品种做盆栽，花序可作切花。

    大丽花原产墨西哥，是墨西哥的国花，别名大丽菊、大理花、西番莲、天竺牡丹。大丽花花朵硕大，花期长，色彩丰富。有人形容它："红晕晕犹如贵妃醉酒，白莹莹好似仙女披纱，黄灿灿有如嫦娥舞袖。"大丽花花色多样，艳丽异常，适宜庭园种植。

    大丽花就是人们常说的地瓜花，在我国被广泛种植。最常见的是普通的粉色、黄色，以及大红色的品种，现在培育出来的大丽花品种中矮生类型小丽花的颜色则比较繁多，花色各异，绚烂多姿。大丽花还是世界上品种最多的花之一，有单瓣、重瓣、球形……这么漂亮的大丽花，花期还特别长，一开就是半年。大丽花的花型非常多，有球型、菊花型、牡丹型、碟型、盘型、绣球型和芍药型等，它以色彩瑰丽、花朵优美而闻名。大丽花的花瓣很多，给人一种雍容华贵的感觉，预示着富贵、长寿、大吉大利，因此在一些长辈生辰的时候，许多晚辈都会选择这种花送与长辈，祝愿长辈健康长寿。

    有诗这样描写大丽花："似菊却称地瓜花，亭亭玉立灿若霞。春种夏花迎秋色，正与金菊堪比夸。"大丽花的花朵很大，花形饱满大气，花瓣重重叠叠地挤压在一起，仿佛一个彩色的大绣球。大丽花的花语是"永远属于你"。大丽花在我国的栽培历史只有不到500年的时间。但是一经推出，便迅速普及，极受欢迎，至今大丽花的品种和花色已多到数不清楚。要论花的性格，大丽花属于性格张扬、热情奔放的类型，像一群年轻貌美的模特，不断变幻着华丽的服装，摇动着曼妙的身姿，向人们尽情地展示着娇艳和美丽。作为世界名花之一的它，深受人们的喜爱。大丽花最适合地栽，种在院子里，经过搭配后特别华丽。大丽花是一个有着庞大家族体系的花系，目前有30000多个品种，有大、中、小型的花朵，花开时奔放、艳丽。大丽花的叶子边缘有一排像锯一样的刺，叶子碧绿碧绿的，里面好像含满了水。大丽花的花骨朵像一个个小南瓜，盛开时，花团锦簇。

## 知 识 小 拓 展

### 菊科植物的饲料价值

蒲公英、艾叶、菊芋等许多菊科草本植物，可作为家畜的饲料或饲料添加剂，以降低饲养成本，有的对家畜还有防病治病的作用。有些种类在牧区可作为牲畜的主要饲料。

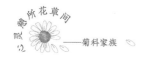

# 6. 热情奔放——硫华菊

硫华菊（*Cosmos sulphureus*），菊科秋英属。

硫华菊（刘培亮拍摄）　　　　　硫华菊（刘培亮拍摄）

形态：一年生草本植物，多分枝，叶为对生的2回羽状复叶，深裂，裂片呈披针形，有短尖，叶缘粗糙，与大波斯菊相比叶片更宽。花为舌状花，有单瓣和重瓣两种，直径3～5厘米，颜色多为黄、金黄、橙色、红色，瘦果总长1.8～2.5厘米，棕褐色，坚硬，粗糙有毛，顶端有细长喙。春播花期为6～8月，夏播花期为9～10月。

分布：原产墨西哥。世界各地栽培广泛。

习性：喜温暖，不耐寒，忌酷热。喜光，耐干旱，耐瘠薄，喜排水良好的沙质土壤。忌大风，宜种背风处。

栽培：硫华菊耐贫瘠沙质土壤，原本生长在墨西哥的碱性土壤地区，因此适宜的土壤pH值为6.0～8.5，繁殖期间多喜阳光明媚的天气，但也可耐受半阴条件。出芽后的植株耐旱能力强，不易受病虫侵害，繁殖常用播种繁殖和扦插繁殖。播种繁殖发芽需7～21天，发芽快而整齐，最适温度为24℃，发芽50～60天后开花。扦插繁殖则在初夏用嫩枝作插条，插后15～20天可生根。生长期每半月施肥1次，但不宜过量，否则枝叶徒长，影响开花。植株长高后，设立支柱，防止倒伏。种子陆续成熟，容易脱落，需及时采收。

应用：硫华菊花大、色艳，但株形不是很整齐，最宜多株丛植或片植。也可利用其能自播繁衍的特点，与其他多年生花卉一起，用于花境栽植，或草坪及林缘的自然式配植。植株低矮紧凑、花头较密的矮种，常用于花坛布置或作切花及盆栽。

硫华菊，也叫黄波斯菊、硫黄菊、黄芙蓉等，它还有另外一个好听的名字，那就是黄秋英，听上去多像一个美丽女子的名字！硫华菊和波斯菊都来自美洲的墨西哥，它们都属于菊科秋英属。波斯菊也叫秋英，喜欢高海拔温度低的地区，颜色是冷色系；而硫华菊喜欢低海拔温度较高的地区，颜色是暖色系，从淡黄色到深黄，乃至橙色，显得热情奔放。为了和"冷酷"的秋英区分开，人们把黄秋英这个名字给了硫华菊。尽管这两种植物的原产地都不是中国，但是在我国栽培广泛，在《中国植物志》中都有收录。硫华菊从遥远的美洲随着人类迁

徙到世界各地，它不仅美丽、颜色鲜艳，还在改善土壤环境方面展现出巨大的应用潜能。有研究表明，硫华菊是一种镉富集植物，且修复能力较强，可以有效地修复镉污染土壤。而且，更为重要的是，它的繁殖和归化能力要比波斯菊温和许多。因此，它虽然在美国的东南部地区被列为入侵植物，但至少到现在为止，在我国还没有看到硫华菊被列为入侵植物的报道。

　　夏秋之际，远远望去，硫华菊一片一片，花色亮丽，灿若星辰，甚是壮观。高饱和度的橘黄色花朵宛如一个个散射着能量的"小太阳"。纤细的茎叶上，深深浅浅黄色系的花朵，迎风摇曳。透过阳光，硫华菊橘黄色的花瓣纤薄透亮，上面的纹脉清晰可辨，呈现丝绸般的顺滑质感，令人心生爱怜。硫华菊的形态也是十分热情奔放的，当所有的花一起盛开时，虽为同一品种，但生长的高低迥然不同，亭亭玉立却又错落有致，正因为其高度迥异，硫华菊时常带给人一种跳脱、不拘一格的俏皮感。作为点缀绿化植物中的一类，它打破了景观绿化一贯的规整，于整齐呆板的气氛中增加了一些野性美。在阳光与微风的拥抱下，成千上万朵硫华菊绵延成一片橙色海洋，轻声细语地诉说着一个关于美丽的故事。硫华菊的植株，有的很高大，可以超过人的头顶；有的中等，只到人的腰际；而有的很低矮，可能刚刚高过你的膝头。硫华菊的颜色也有很大的不同，有深有浅，从纯黄色到橘黄色，甚至还有橙红色。不管怎样，徜徉在花海里总是一件惬意的事情。看惯了城市中的车水马龙，在大自然来次返璞归真，看一看大自然孕育的美好。初秋时节里遇见硫华菊的烂漫花开，我们的心情仿佛也沾染了花香。

## 知 识 小 拓 展

### 菊科奇珍——垂涎欲滴的巧克力秋英

巧克力秋英（巧克力波斯菊）是菊科秋英属的多年生草本植物，原产于墨西哥，是非常稀有的人气品种。巧克力秋英根据个体差异，颜色从深红色、鲜红色、褐红色，甚至接近黑色的都有，加上丝绒般质感的花瓣，不得不说它的颜值非常高。巧克力秋英的另一个特点是它自带巧克力的甜香，估计大家闻到后都会忍不住想要咬一口。

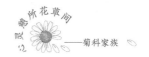

# 7. 喜悦骄傲——木茼蒿

木茼蒿（*Argyranthemum frutescens*），菊科木茼蒿属。

木茼蒿（寻路路拍摄）

木茼蒿（寻路路拍摄）

形态：短期的多年生草本，高约100厘米，茎大部分木质化。叶宽卵形、椭圆形或长椭圆形，2回羽状分裂，1回为深裂或几全裂，2回为浅裂或半裂。头状花序多数，在茎段排列成不规则的伞房花序，舌状花白色，有粉、黄花及重瓣品种，花期为3～9月。

分布：原产北非的加纳利群岛。我国南方各地常见栽培。

习性：喜光照充足的环境，耐寒性不强，忌高温高湿，适宜疏松肥沃、有机质丰富、中等潮湿、排水性好的土壤。

栽培：园林中多为栽培品种，常在植株未开花前，剪取5～10厘米长、半木质化的嫩枝扦插繁殖。幼苗10～12厘米高时摘心促分枝矮化。盆栽基质可用腐叶土、园土和沙砾配制，以疏松肥沃为宜。生长期加强水肥管理，每半个月施肥

1次，浇水宜见干见湿。夏季需遮阴降温。花后修剪，去除衰老枝和病虫枝。冬季将盆栽苗放置在温棚内越冬。

应用：花繁叶茂，常用作盆栽观赏，或布置在花坛边界。

木茼蒿，别名蓬蒿菊、茼蒿菊、木春菊等。木茼蒿的茎干、形态与我们食用的茼蒿很像，它是一种枝干柔弱带有分枝的植株，属于常年生长的草本花卉，长着错开分散的叶片，开着淡黄色与白色连接的花朵，花期能够维持两个月之久。木茼蒿的花与茼蒿花很相似，清新艳丽，但却要比茼蒿花端庄大气得多。它的叶子与茼蒿也有相似之处，最大的不同是它的枝条大部分木质化，所以叫作木茼蒿。木茼蒿又名玛格丽特，玛格丽特这个名字是小仲马《茶花女》中女主角的名字，也是一款鸡尾酒的名字，还是一代女王的名字。因为在16世纪，挪威公主玛格丽特十分喜欢这种清新脱俗的小白花，所以就以自己的名字给这种花命名。木茼蒿的花朵小巧玲珑，非常好看，有白色、粉色、黄色等，它的花朵好像等待爱情的少女，看起来很青涩、害羞、纯情，所以它的花语是期待爱情，寓意着等待爱情到来。木茼蒿的花是极美的，大片的花海让人觉得格外热闹。木茼蒿的花期很长，自早春至秋季均能开花，因为茎部容易木质化，所以又取名木春菊，又因植株会发出类似茼蒿菜的特殊香味，所以也叫作茼蒿菊。

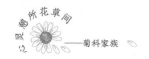

　　木茼蒿是一种生长力极其旺盛的植物，每到夏季就会不断开花，一波接着一波，丝毫不觉得疲倦。它的花朵虽然不大，但是密密麻麻，数量极多，因此看起来十分美丽。木茼蒿成片成片地开放在绿叶中，在阳光下熠熠生辉，让整个大地都沐浴在花海之中。春暖花开的季节，欣赏着这些可爱绚丽的花朵，令人心情十分舒畅。木茼蒿枝叶繁茂、株丛整齐、花色淡雅、花期长，为早春缺花季节的重要切花材料或盆栽，可装饰门厅、布置会场。若将其与碧桃、迎春、天竺葵合置于花坛上，花色斑斓，相映成景。木茼蒿是美丽的菊科花卉，盛开时显露着高贵和典雅。然而，在美丽的外表下，它却又是一种极具侵略性的物种，在合适的条件下，木茼蒿生长的时候会抢夺其他植物的养分，让自己快速生长开花，可谓是一种美丽的"霸王花"。

### 知 识 小 拓 展

与菊花有关的歇后语

九月的菊花——黄灿灿

九月的菊花逢细雨——点点入心

# 8. 秀美吉祥——蛇鞭菊

蛇鞭菊（*Liatris spicata*），菊科蛇鞭菊属。

蛇鞭菊（刘培亮拍摄）　　　　　　蛇鞭菊（刘培亮拍摄）

形态：多年生草本，高60~120厘米，有地下块根。茎直立，无分枝。叶互生或近轮生，线形，全缘，中脉明显，上部叶较小。4~10朵管状花组成的头状花序聚集成长穗状花序，花冠分裂为扭曲的丝状，有粉色、紫色、白色，自上而下开放，花期为8~9月。

分布：原产美国。我国东北、华北、西北及南方部分地区广泛栽培。

习性：喜光照充足、温暖湿润的环境，耐低温、耐热、耐贫瘠，尤其喜湿润、有机质丰富的沙质壤土，在黏土、砾石土壤中也可生长。

栽培：种子成熟后随采随播，不宜久存。可秋季在温室中用容器育苗，第二年春季种植，如果春季在苗床上播种，需要满足低温和潮湿的条件；也可分栽块根或扦插。高温干旱天气注意浇水，缺水则下部叶子枯萎，但在腐殖质丰富的土壤中耐旱性较强。冬季来临时停止浇水，保持土壤干燥，潮湿可能导致根茎腐烂。

应用：花序直立，花色鲜艳，多成片种植在花坛中，或作多年生花境的前景材料，也可缀植在假山旁。花序可作切花。

蛇鞭菊是多年生草本植物，茎的基部膨大呈球形，花为紫色，小花由上而下依次开放，因多数小头状花序聚集成长穗状花序，好似响尾蛇那沙沙作响的鞭形尾巴而得名。作为一种宿根植物，蛇鞭菊花期长、自然花期盛，花茎挺立、花色清丽，不仅有自然花材之美，而且具有美好的寓意——吉祥、欢快、警惕和努力。在夏秋之际，蛇鞭菊色彩绚丽，恬静宜人，给人以静谧与舒适的感觉，宜作花坛、花境和庭院植物，与较矮和浅色调花卉搭配。也适合在居室插制，民间有"镇宅"之说，宜赠经商之人，以鼓励商人努力拼搏。

蛇鞭菊的花期由夏季至秋季，花朵散发着奇异的香味。紫色的蛇鞭菊带着一点点神秘感，细腻而凝重，典雅而高贵，充满了浪漫和梦幻，让人遐想和回味。

### 菊科蔬菜——油麦菜

油麦菜（*Lactuca sativa* L.）别名莜麦菜，又叫苦菜、生菜，菊科莴苣属植物，是以嫩梢、嫩叶为产品的尖叶型叶用莴苣。叶片呈长披针形，色泽淡绿，质地脆嫩，口感极为鲜嫩，有清香，具有独特风味。油麦菜含有大量维生素A、维生素$B_1$、维生素$B_2$和钙、铁等营养成分，是生食蔬菜中的上品，有"凤尾"之称。

## 9. 天长地久——百日菊

百日菊（*Zinnia elegans*），菊科百日菊属。

百日菊（卜洁拍摄）　　　　　　百日菊（卜洁拍摄）

形态：一年生草本。茎直立，高30～100厘米，被糙毛或

长硬毛。叶宽卵圆形或长圆状椭圆形，两面粗糙，下面被密短糙毛，基出3脉。头状花序单生枝端，总苞宽钟状；总苞片多层，宽卵形或卵状椭圆形。舌状花深红色、玫瑰色、紫堇色或白色，舌片倒卵圆形，先端2～3齿裂或全缘，上面被短毛，下面被长柔毛。管状花黄色或橙色，先端裂片卵状披针形，上面被黄褐色密茸毛。雌花瘦果倒卵状圆形，管状花瘦果倒卵状楔形。花期为6～9月，果期为7～10月。

分布：原产墨西哥，是著名的观赏植物，有单瓣、重瓣、卷叶、皱叶和各种不同颜色的园艺品种。在中国各地广泛栽培，也有野生。

习性：百日菊喜光照，不耐寒，要求肥沃及排水良好的土壤。若土壤瘠薄，过于干旱，则花朵显著减少，花径小，花色不良。

栽培：常用播种和扦插繁殖，为了提早百日菊的花期，可在3月末至4月初点播于温室或温床，种子萌发时将温度控制在10℃以上，4～5天可萌发，7天出苗。出苗后倒栽在经消毒的营养盆中，有2片真叶时倒栽上钵。经过倒栽的幼苗，株高10厘米时对其摘心，留2片真叶促进腋芽生长，株粗而苗壮。欲使植株低矮而开花，常在摘心后腋芽生长至3厘米时施以矮化剂，提高其观赏价值。百日菊侧根少，移植后恢复慢，应于小苗时定植，若长成大苗后再行移植，常导致下部枝叶干枯进而影响其生长，因此需经两次移植，晚霜后将其定植于露地，株行距40厘米左右。百日菊也可在4月末地温回升至10℃以上时，穴播于露地，7～10天出苗。出苗后及时间苗2～3次，保证幼苗苗壮成长。

应用：百日菊花大色艳，开花早，花期长，株型美观，是常见的花坛、花境材料。高秆品种适合作切花。

百日菊是广受世界各地人们喜爱的观赏花卉，是阿拉伯联合酋长国的国花。百日菊是菊科植物中最好辨认的，它整体比较粗犷，叶片带糙毛，粗枝大叶。百日菊的管状花在开花前会隐匿在红色的鳞片之下，在开花时，会从外向内一轮一轮地开放，开花后则显露出黄色或橙色的花冠，远远望去，好像一圈金色的皇冠，这是百日菊的代表性特征之一。百日菊的第一朵花开在最顶端，而后陆续开放的花朵比第一朵开得更高，所以又得名"步步高"。人们赋予它"奋勇向前、步步高升、积极上进"等美好的寓意，使它成为表达爱意的理想花朵，也是送人送礼的绝佳礼物。百日菊的花语是想念远方的朋友，天长地久。我们常常把自己的相思之情寄托在某一个物象上，因此百日菊也是我们寄托对朋友相思之情的物象。百日菊花期很长，从6月到9月，花朵陆续开放，长期保持鲜艳的色彩，象征着友谊天长地久。

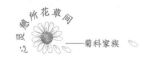

大多数百日菊是一年生草本植物，少数是两年生。生长在北方的百日菊会比较高大，株高可达1米左右，少有分枝。而热带的百日菊身材则更矮小，仿佛匍匐在花盆里似的。百日菊的颜色虽然很丰富，但并没有复色的。偶尔看到几朵以为是复色，走近却发现原来只是花型不同，花瓣微卷，露出了花瓣背部稍淡的颜色而已。百日菊除了单瓣品种外，还有各种重瓣型花型。这些变化使得它更加靓丽多彩，美不胜收。再加上百日菊耐旱性强的特点，使得它被广泛应用于地被种植、花坛布置、盆花摆放等方面。在夏秋时节的马路旁和花园里，你一定能看到它那美丽的身影。盛夏时节，百日菊群花绽放，花香弥漫在空气中，蜂鸣蝶舞，一阵风吹过来，花朵曼妙摇摆。

除了美化生活之外，百日菊在科学研究上也有着一席之地。百日菊茎的叶肉细胞很容易被分离出来，这些分散的细胞在液体培养基内也能很好生长，因此常常作为悬浮细胞应用于科学实验中。

百日菊还是优良的切花材料。2016年，NASA宇航员斯科特·凯利在推特上分享了一张鲜橙色百日菊的照片，并配文"太空中的第一朵百日菊成功亮相"。这朵空间站百日菊的颜色外形与地球上的差异不大，生长周期在60～80天。不过因为空间站零重力的状态，它的花瓣无法像地球上的百日菊一样形成优美的弧度。

知 识 小 拓 展

## 菊科植物的药用价值

很多菊科植物具有药用价值，如可以散风清热、明目疏肝的杭白菊，可以清热解毒的野菊花、蒲公英，可以清热凉血的青蒿，可以治疗肝炎的茵陈蒿，可以驱除蛔虫的山道年蒿，可以活血通络的红花，可以补脾健胃的白术、苍术，以及雪莲、菊三七、鬼针草等。菊科植物在藏药植物中占10%。我国科学家屠呦呦研发的抗疟药物——青蒿素，就是从菊科蒿属植物青蒿中提取的。

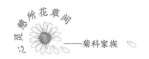
## 10. 勇往直前——金鸡菊

金鸡菊（*Coreopsis basalis*），菊科金鸡菊属。

金鸡菊（卜洁拍摄）　　　　　金鸡菊（卜洁拍摄）

形态：多年生草本，高50～100厘米。茎直立，上部有分枝。基部叶有长柄，披针形或匙形；下部叶羽状全裂，裂片线形或线状长圆形；中部及上部叶3～5深裂，裂片线形或披针形。头状花序单生枝端，舌状花6～10个，舌片宽大，舌状花瓣有黄色、棕色和粉色。枝叶密集，尤其是冬季，幼叶萌生，鲜绿成片。花期为5～9月。

分布：原产北美。世界各地广泛栽培。

习性：喜光，耐低温、高温、高湿和干旱，对土壤要求不高。

栽培：9月初播种，发芽适温15～20℃，幼苗保护越冬，次春定植。栽培地需光照充足，排水好。植株生长旺盛，耐贫瘠力强，通常不用施肥。多年老株应酌情分株，以防根部拥挤、枝叶过密，影响生长和开花。秋季清除地上茎秆，选取嫩枝扦插，也可选用根插繁殖，金鸡菊栽培容易，常能自行繁衍。

应用：春夏之间，金鸡菊花大色艳，常开不绝。株丛整齐，花叶繁盛，适合布置花坛、花境，或丛植山石前，或片植街心绿地。若在园林坡地种植，可固土护坡，防治水土流失。金鸡菊也是上好的疏林地被绿植，可观叶，也可观花。在屋顶绿化中作覆盖材料效果极好。


时值仲夏，大自然褪去了繁华热闹的春花盛景，此时金鸡菊赠予我们的，是那些细细碎碎的小惊喜。漫步田间、路边或公园里，你总能不经意地看到各种菊科类的小花在风中摇曳。菊科植物有很多，今天就让我们来认识一下这个被名字耽误的高挑"美少女"——金鸡菊。金鸡菊开于春夏季节，花开起来半人高，花朵不大，花瓣有4个"小指头"，因形似鸡爪而得名。别看它的茎很细，它开出的花又大又灿烂，在绿叶的衬托下绚丽夺目，像一个个金色的小太阳。花开时一片金黄，金灿灿的光好像不经意间就蔓延到了大自然的每个角落。金鸡菊作为菊科大家族的一员，跟其他菊科植物一样，生命力极强，不"挑肥拣瘦"，不管是肥沃的土壤还是贫瘠的土壤，它都能长得好。而且，它的自播繁殖性较强，每年秋天结种，种子落到土壤中，次年就能长出来。这也就意味着，初次播种后，它就

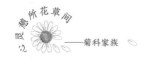

能在这片地方安家落户了。金鸡菊常用于花境、坡地、庭院、街心花园的设计中，它们生长力强，无需过分打理，且花量巨大，可以营造出"野"的感觉。金鸡菊怒放时，金色的花海，与蓝天、绿树相呼应，美得像一幅画。成片成片的金鸡菊将大自然点缀得如梦似幻，漫步其间，仿佛置身于童话世界。风起时，金黄色的花浪一浪接着一浪，尽情地展示着自己的美丽。幽淡的花香中，缤纷的蝴蝶、勤劳的蜜蜂在花间萦绕。金鸡菊那明亮的色彩，有如阳光一般温暖，让人心情开朗，想要放下手上的工作和学习，来大自然感受美丽的初夏。

## 知识小拓展

### 菊科奇珍——药食珍品奇香菊

奇香菊属菊科多年生宿根草本植物，全株浓香，集环保、驱蚊、食用、药用、香化居室、美化环境的作用于一体，其叶片比花朵还香，具有柠檬味、薄荷味、麝香味。奇香菊的香叶可抑制细菌生长，预防和治疗头晕、感冒，而且它还具有很强的驱除蚊蝇的作用，家中种植几盆，不仅满房飘香，且蚊蝇皆无。其干品可制成香枕、香袋，还可治疗失眠、高血压等症。幼嫩茎叶是高档的香味蔬菜，其叶脆爽润喉、香味浓郁，有提神醒脑、增强食欲等功效。

# 11. 生机勃勃——黑心金光菊

黑心金光菊（*Rudbeckia hirta*），菊科金光菊属。

黑心金光菊（李仁娜拍摄）　　　　黑心金光菊（李仁娜拍摄）

形态：一、二年生或多年生草本，茎高30~100厘米，不分枝或上部分枝，茎叶多毛。下部叶长卵圆形或匙形，3出脉，有锯齿；上部叶长圆披针形，边缘有不整齐细锯齿或全缘。头状花序，舌状花黄色，有时基部红褐色，舌片10~14个；管状花古铜色，聚成圆球形。花期为5~9月。

分布：原产北美。我国南北各地广泛栽培。

习性：喜光，耐寒，抗旱，适应性强，不择土壤，但在疏松肥沃、排水良好的土壤中生长最佳。

栽培：9月播种，幼苗长到4片真叶时移栽营养钵，次年春天种植，5月开花。春播苗夏初种植，秋季可开少量花，第二年花可盛开，栽培地须排水好、光照充足。多雨季节须及时排水，以免烂根。花谢后及时剪除残花，促使新枝产生花蕾，再

次开花。花色与生活型易变，栽培品种甚多，我国北方多作两年生栽培，部分品种表现为多年生。

应用：世界流行花卉，花大而繁，且花期长，初夏至初秋开花不断。可片植在花坛中，或列植在路旁，配置花境。

黑心金光菊又叫黑心菊，菊科金光菊属，一年或二年生草本，原产北美。黑心金光菊的花朵一般较大，花瓣呈闪耀的金黄色，颜色鲜艳如同凡·高的向日葵，花蕊为深棕甚至黑褐色，乍一看，宛如一双炯炯有神的眼睛，奕奕神采，冲你灿然微笑。黑心金光菊，因"色"得名。虽然名字叫"黑心"，其实，只要仔细观察，你会发现它的花心一点儿都不黑，而是天生的暗褐色或暗紫色，带着丝丝的光泽，很像松露巧克力。黑心金光菊中间隆起的花心，其实是它的管状花，而外面一圈金黄色的、一般被认为是花瓣的，则是它的长圆形舌状花。黑心金光菊的花心会随着开放程度慢慢隆起，暗褐色的花心和旁边金黄色的舌状花形成鲜明的对比，有些舌状花的基部还带着一轮紫晕，在阳光下显出一层金色。仲夏，金黄灿烂的黑心金光菊正朵朵怒放，在烈日下张开着花瓣，尽情地释放着它的热情。倘若有心细看，单朵的黑心金光菊十分精致，犹如一朵朵小型的向日葵盛放于阳光下，隆起的暗褐色花心和金黄色的花瓣搭配得格外艳丽，不时环绕其上的蝴蝶与蜜蜂，打破了夏日心情的烦闷。

知 识 小 拓 展

与菊花有关的歇后语

秋菊展览——花样百出

秋天的菊花——经得起风霜

# 12. 同心协力——天人菊

天人菊（*Gaillardia pulchella*），菊科天人菊属。

天人菊（卜洁拍摄）　　　　　天人菊（卜洁拍摄）

　　形态：多年生草本，高30~100厘米，全株有粗毛。基生
叶和下部茎叶长椭圆形或匙形，全缘或羽状缺裂，叶柄长；中
部茎叶披针形、长椭圆形或匙形，基部无柄或心形抱茎。头状
花序，舌状花棕红色，先端呈黄色，依品种不同诸多变化；管
状花红褐色。花期为6~9月。

分布：原产北美。我国各地广泛栽培。

习性：喜光照充足、通风良好的环境，耐低温，耐炎热和干旱，适宜疏松肥沃、排水良好的土壤。

栽培：春、秋季均可播种，光照有利于种子萌发，适温20～25℃，10～15天发芽，出苗整齐，霜冻结束后种植。种植前施底肥，保证苗期生长旺盛。播种后第一年即可开花。花谢后剪除残花，增补肥料，可促使再次开花。高茎品种盛花期易出现倒伏，可立竿扶正。

应用：花期长，花色艳，可丛植或片植在花坛中，高茎种可作切花，矮茎种可作盆栽。

天人菊花姿娇娆，外围的舌状花色彩缤纷，中间的筒状花长得像小圆球，别具韵味。天人菊的叶呈细长形，花为黄红双色，少数为金黄色，花茎长而直立；种子随风飘散，落地生长。天人菊全株有柔毛，可以防止水分散失，这是它能在恶劣环境中生存的主要原因。天人菊色彩艳丽，花期长，栽培管理简单，是花坛、花丛绿化的良好材料。天人菊耐风、耐旱、抗潮，生性强韧，还是良好的防风定沙植物。天人菊的花语是团结齐心，合作协力。天人菊长势紧凑，花瓣紧紧围绕着花盘，给人一种团结的观感，因其外表能给人带来动力和活力，因此人们用天人菊来表达同心协力等寓意。由于繁殖力与生命力很强，当初自北美洲引进后，天人菊便以惊人速度在我国的澎湖列岛与台湾岛的中、北部海岸蓬勃生长。时至今日，美丽的天人菊已成为澎湖观光的胜景之一，也因为它的强韧特质而被选为澎湖的县花，澎湖也被称为菊岛。

■ 知 识 小 拓 展 ■

### 菊科蔬菜——茼蒿

茼蒿(*Glebionis coronaria*)又称同蒿、蓬蒿、蒿菜、菊花菜，是我国的传统蔬菜。在中国古代，茼蒿是一道宫廷佳肴，所以又叫"皇帝菜"。茼蒿有蒿之清气、菊之甘香。据中国古药书载，茼蒿性味甘、辛、平，无毒，有"安心气，养脾胃，消痰饮，利肠胃"之功效。传说，杜甫一生颠沛流离，疾病缠身。他在四川夔州时，肺病严重，眼花耳聋，当地人做了一种用茼蒿、菠菜、腊肉、糯米粉等制成的菜给心力交瘁的杜甫食用，杜甫食后赞不绝口。为纪念这位伟大的诗人，后人便称此菜为"杜甫菜"。

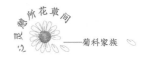

# 13. 欣欣向荣——非洲菊

非洲菊（*Gerbera jamesonii* Bolus），菊科大丁草属。

非洲菊（王玮拍摄）　　　　非洲菊（王玮拍摄）

形态：菊科多年生草本植物，别名太阳花、猩猩菊、日头花等。多年生、被毛草本。株高30～45厘米，根状茎短，为残存的叶柄所围裹，具较粗的须根。多数叶为基生，羽状浅裂。顶生花序，花朵硕大，花色分别有红色、白色、黄色、橙色、紫色等，花色丰富。

分布：原产南非，主产南非南部，马达加斯加岛上也有大量野生，少数分布在亚洲。随着中国温室技术的进步及国外新型温室技术的引进，在中国的栽培量也明显增加，华南、华东、华中等地区皆有栽培。但由于其繁殖速度快，所以被广东列为外来入侵物种。

习性：喜冬暖夏凉、空气流通、阳光充足的环境，不耐寒，忌炎热。喜肥沃疏松、排水良好、富含腐殖质的沙质壤土，忌黏重土壤，宜微酸性土壤，生长最适pH值为6.0~9.0。

栽培：繁殖用播种或分株法。

应用：其花朵硕大，花枝挺拔，花色艳丽，水插时间长，切花率高，为世界著名十大切花之一。也可布置花坛、花境，或用温室盆栽作为厅堂、会场等装饰。

非洲菊花朵硕大，花色丰富，有红色、白色、黄色等。非洲菊是重要的切花装饰材料，可供插花及制作花篮，也可作盆栽观赏。其花大色美，娇姿悦目，盆栽常用来装饰门庭、厅室，切花用于瓶插，点缀橱窗、客厅。

非洲菊是菊科多年生草本植物，顶生头状花序，花瓣舌状。非洲菊栽培容易，相对于其他花卉来说，性价比很高，容易管理，观赏价值又极高，所以在现代社会被很多人所喜爱。非洲菊软绵绵的花心有黄色、红色或粉红色，太阳型的花心外围绕着众多又小又尖的花瓣，十分可爱。这样多变的花色和独特的外观，让它从位于非洲的原产地走向全世界。在各国园艺工作者的培育下，出现了上百个不同的非洲菊品种。非洲菊的花是横向生长的，所以能开出非常大的一朵花来。非洲菊不仅能顺利度过夏季，而且在寒冷的冬季也能生存下来。它非常耐旱，只要有阳光和肥料，就会一直开花。非洲菊和向日葵一

样，是大家心目中代表太阳的花卉，只不过向日葵高大魁梧，非洲菊秀气英挺，如果说向日葵是夏日高照的艳阳，那么非洲菊就像冬日里的旭日，令人感到温馨。非洲菊以其清秀挺拔、潇洒俊朗的姿态，在喜庆节日特别受欢迎。曾经有人提倡用它作为代表父亲节的花，因为非洲菊又叫作太阳花，太阳又可象征父爱。非洲菊的花语是热情、永远快乐。它的花语表明非洲菊是一种热爱生活的植物，在自己坚强生活着的同时，也鼓励所有的人热爱生活。非洲菊还象征互敬互爱、有毅力、不畏艰难，有些地区喜欢在结婚庆典时用它扎成花束布置新房，体现新婚夫妇互敬互爱之意。非洲菊靓丽多彩、美不胜收，再加上其耐旱性强的特点，使它被广泛地应用于地被种植、花坛布置、盆花摆放等方面。在初春时节的马路旁和花园里，你一定能看到它那美丽的身影。非洲菊花朵硕大，花枝挺拔，而且色泽艳丽，既可盆栽，也能制成插花，制成插花以后可以在水中保鲜20天左右。非洲菊还是一种保健功效出色的花卉，人们可以直接用它来泡水喝，能起到清肝明目和降压、降脂的作用。非洲菊是十大切花之一，常用作插花材料。除了花柄和花冠，非洲菊因为其不带一片叶子而给人一种清清爽爽、简简单单、大大方方的美。那略微低垂下来的花冠生出一种摇曳、动态的感觉，娇艳而不娇情，随意却富有诱惑力。

知 识 小 拓 展

### 菊科植物的观赏价值

在花卉当中，菊科花卉占了很大的分量，常见的有菊花、非洲菊、万寿菊、雏菊、向日葵、大丽花、波斯菊、瓜叶菊、金鸡菊、百日草、矢车菊等，其中大部分的名称里都含有"菊"字，其具体应用也很广泛，可作切花、盆花、盆景、花坛、地被植物等。

## 14. 健康长寿——万寿菊

万寿菊（*Tagetes erecta*），又名臭芙蓉，菊科万寿菊属。

万寿菊（卜洁拍摄）　　　　　万寿菊（卜洁拍摄）

形态：一年生草本植物，茎直立，粗壮，具纵细条棱，分枝向上平展。叶羽状分裂，沿叶缘有少数腺体。头状花序单

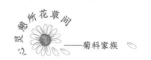

生；总苞杯状，顶端具齿尖；舌状花黄色或暗橙色；管状花花冠黄色。瘦果线形，基部缩小，黑色或褐色，被短微毛；冠毛有1～2个长芒和2～3个短而钝的鳞片。花期为7～9月。

分布：原产墨西哥。中国各地都有栽培，用于观赏。

习性：万寿菊生长的适宜温度为15～25℃，花期适宜温度为18～20℃，要求生长环境的空气相对湿度在60%～70%，冬季温度不低于5℃。夏季高温30℃以上时，植株徒长，茎叶松散，开花少；冬季温度10℃以下时，生长减慢。万寿菊为喜光性植物，充足的阳光对万寿菊生长十分有利，可使其植株矮壮，花色艳丽。阳光不足，则茎叶柔软细长，开花少而小。

栽培：春季在露地苗床播种，由于是避光性种子，播后要覆土、浇水。种子发芽适温为20～25℃，播后1周出苗，待苗长到5厘米高时，进行一次移栽，再待苗长出7～8片真叶时，进行定植。在夏季进行扦插，容易发根，成苗快。适合万寿菊播种的季节有春天和夏天，如果是春天，就要选择3月下旬到4月上旬露地播种。由于它的种子怕光，所以在播种后，要覆盖一层土，并适当浇水。如果想要让植株的高度得到控制，可以选择夏天播种，通常在播种后的2个月内开出黄色的花朵。万寿菊对土壤的要求不是太高，透气、排水性好的土壤就行，松松的沙质土最好。万寿菊种好以后一定要勤浇水，不过每次浇水的量不能太大，保持湿润即可，浇水方式随季节来改变，夏天和秋天一定要早上浇水，冬天和春天的时候要选择在中午浇水。移栽的时候要放入定量的肥料，生长期间每月施肥1次即可，千万不能施肥太多，不然会只长叶不开花。

应用：多生在路边草甸、花坛间。万寿菊花朵硕大，色彩艳丽，花梗较长，是优良的鲜切花材料，可作带状栽植代篱垣，也可作背景材料之用。万寿菊作为一年生草本植物，是一种常见的园林绿化花卉，其花大、花期长，常用来点缀花坛、广场，布置花丛、花境和培植花篱。中、矮生品种适宜作花坛、花径、花丛材料，也可作盆栽；植株较高的品种可作为背景材料或切花。花朵饱满、好看的品种常用于造景。

万寿菊也叫蜂窝菊、臭芙蓉等。艳丽的花色，妩媚多姿；鲜亮的花瓣，精致俏丽。花开时，争芳斗艳，姹紫嫣红。万寿菊的品种很丰富，虽然花色以浅黄、金黄以及橙色为主，但花型又分为重瓣、皱瓣，以及大花型和小花型等。万寿菊花色大多以金黄为基调，浅的奶黄，深的橙黄。我国民间普遍对万寿菊存有好感，常把它视为"金光璀璨"的象征。万寿菊的花语有很多，每种颜色的花语各不相同，一般代表着健康、长寿，因此可以将万寿菊送给长辈。近年来，有不少人把万寿菊作为"敬老之花"，在"老人节"时赠送给长者，以表达晚辈的心意。

万寿菊是一种生命力很强的植物，可以适应任何一种土壤。即使是剪下来的带茎鲜花，也依然美丽如昔。万寿菊开花时，半球形的花朵金灿灿、黄澄澄，丰满的花瓣重重叠叠，花大色美，叶绿花艳，黄绿交辉，耀眼异常，赏心悦目。万寿菊本身是一味中药材，同时也是可以食用的菊花品种，除了具有观赏价值以外，兼具一定的经济价值。万寿菊含有丰富的叶黄素，它不仅能保护视网膜，缓解眼睛疲劳，还能预防因机体衰老引发的心血管硬化、冠心病等。20世纪70年代起美国人就开始从万寿菊中提取叶黄素，最早是将其加在鸡饲料里，用来提高鸡蛋的营养价值。现在的叶黄素还可以应用在化妆品、医药、水产品等行业中。国际市场上，1克叶黄素的价格与1克黄金相当。万寿菊同时还具有清热解毒、化痰止咳之功效，能够解毒消肿。万寿菊的花主治上呼吸道感染、百日咳、气管炎、眼角膜炎、咽炎、口腔炎等疾病。如今的万寿菊已逐步成为花坛、庭院的主体花卉，黄澄澄的花朵布满梢头，显得绚丽可爱。

知 识 小 拓 展

## 菊科奇珍——不可多得的白菊木

白菊木是一种小乔木，高可达4米，幼枝呈白色，有绒毛。叶边缘全缘有疏细齿。白菊木的头状花序生于枝顶，且多个头状花序排成伞状花序，由于多而密集，所以实为复头状花序。头状花序一般有6朵两性花，每朵花均为筒状，外层总苞片有绵毛。瘦果也有绵毛，冠毛呈淡红色。白菊木在我国仅见于云南，分布范围很小，数量也不多，已被列为国家二级保护植物。

## 15. 永恒之花——蜡菊（麦秆菊）

蜡菊（*Xerochrysum bracteatum*），菊科麦秆菊属。

形态：多年生草本，作一、二年生栽培。茎直立，高20~80厘米，分枝直立或斜升。叶线形、长披针形至倒披针形，全缘，主脉明显。头状花序单生枝端，总苞片多层，膜质，覆瓦状排列，有光泽，白、黄、橙、褐、红等色。小花多数，花期为7~9月。

分布：原产澳大利亚。世界各地广泛栽培。

习性：喜温暖向阳环境，不甚耐寒，忌酷暑与水涝，适宜疏松肥沃、排水良好的土壤。

栽培：春季播种繁殖，发芽适温15～20℃，约7～10天出苗，3～4片真叶时分苗，6～7片真叶时栽植园地。定植后摘心促分枝，多开花。植株根系较浅，可用手指插到土壤内，如果2.5～3.0厘米深处的土壤已干燥，说明要尽快补充水分。浇水前可追施稀薄液肥。

应用：苞片干膜质，状如麦秆，质若蜡，多片植于花坛，也可盆栽，花序干燥后可制作干花。


蜡菊别名麦秆菊，是多年生草本植物，古希腊语中意为"太阳"和"金子"。因其花干后不凋落，如蜡制成一般，故为制作干花的良好材料，是自然界特有的天然"工艺品"。蜡菊观赏性好，品种多，花色特别艳丽，看起来不像是真的花，人们叫它麦秆菊或七彩菊。认真看的话，蜡菊的花朵其实是比较像雏菊的，但与雏菊的花朵不同，蜡菊的花瓣比较硬，摸起来有点像纸片，干燥时的花瓣呈金黄色，花色鲜艳且长久不褪。蜡菊花朵颜色丰富，极为美观，属于观赏花卉。它五彩缤纷的色彩、精致特别的模样，在阳光的照射下，显得非常有质感。蜡菊的花瓣挺阔、泛着微光，细小的花瓣密密实实、整整齐齐地排列，环绕在花蕊四周。事实上我们平常看到的那些彩色的蜡菊花瓣并不是真正的花瓣，而是苞片，就像我们平常看到的三角梅，那些红色、黄色或白色的花瓣都是它们的苞片，真正的花朵其实隐藏在苞片里面。蜡菊俗称"不凋花"，是一种带浓郁幽香的香草，花朵形如太阳，色泽艳丽，可供提炼精油。蜡菊的花汁和精油具有抗衰老的神奇功效，每年在蜡菊的收获季之后，这些珍贵的成分将被萃取出来进行研发。蜡菊的植株比较高大健硕，一般成年植株可以达到1米左右，它的叶子也不同于普通的菊花，而是形状细长，看上去十分遒劲有力。蜡菊适合栽种在院子里，地栽的蜡菊盛开时饱满圆润，花瓣规整地排列在一起，就好像是太阳四射的光芒，绽放在丛林间，充满了勃勃生机。蜡菊又名"永恒之花"，这种神奇的小花即使在被采摘之后也不会凋谢，而是永久盛开。长得像假花一样的蜡菊，花期很长，从晚春到秋季天天盛开不绝。它的花不怕日晒风吹雨淋，花朵特别坚硬，开花以后久不凋谢，是花卉学上罕见的"不凋花"，因此它的花语是永恒的记忆。

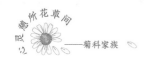

知识小拓展

## 菊科植物的食用价值

在蔬菜当中，也有一些属于菊科植物，常见的有莴笋、生菜、茼蒿、菊芋、牛蒡、向日葵等。向日葵除了观赏外，还是风靡世界的油料作物，而葵花籽也是无人不知的休闲食品。特别值得一提的是牛蒡，牛蒡富含菊糖和人体所需的多种维生素和矿物质，其中胡萝卜素含量在蔬菜中居第二位，比胡萝卜高150倍，蛋白质和钙含量为根茎类之首，粗纤维含量也较高，因此被称为"蔬菜之王"。

## 16. 收获美好——银叶菊

银叶菊（*Jacobaea maritima*），菊科千里光属。

银叶菊（刘培亮拍摄）　　　　银叶菊（刘培亮拍摄）

形态：多年生草本，丛生半灌木状，在寒冷地区作一年生栽培，高40～60厘米。叶匙形，1～2回羽状深裂，叶两面均被银灰色柔毛。头状花序生于茎枝顶端，花小，深黄色，花期为6～9月。

分布：原产欧洲南部。我国南北各地均有栽培。

习性：喜光照充足、凉爽湿润的环境，不耐寒，抗干旱，喜疏松肥沃、排水良好的沙质壤土。

栽培：秋季用播种盘在温室内育苗，撒种后不要覆盖种子，保持湿润，约10～20天萌芽，出苗容易。幼苗在温室中度过冬季，第二年春季种植，或上盆培养，供广场摆花使用。苗期可通过摘心控制高度，增大冠幅；注意浇水，特别是干旱时，应确保根系充分形成；适当控制氮肥，以免徒长。在高温、高湿季节容易诱发锈病。夏季用半木质化的茎作插条，扦插繁殖。

应用：优良的观叶植物。片状或带状布置在花坛中，可增加园林的色差。设计不同的容器或立体花架，可使其观赏性得到完美呈现。切叶可用作插花材料。

有一种植物，虽身为菊科，但并没有灿烂迷人的大花朵。它的花很小，花形也不算好看，开花时从远处看是一丛丛艳丽的明黄色。叶片全身银白色，形状就像冬天的雪花，生长在花

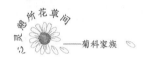
草中，隔得远远地就能认出它来。它不靠花朵，而是靠叶子备受青睐，它就是花中雪精灵——银叶菊。

银叶菊，菊科千里光属，多年生草本植物。原产于地中海地区。银叶菊又叫雪叶菊，无论是银叶菊还是雪叶菊，形容的都是它那特殊的叶子颜色。银叶菊的叶子为1～2回羽状裂，正反面都有一层浓密的银白色绒毛，叶片质较薄，叶片缺裂。银白色的叶片远看像一朵朵白云，近看时缺裂的叶片又像一片片雪花。用手触摸时，有一种说不出的柔和感，就像触摸着柔软的天鹅绒一般，让人生出一股暖意，完美体现了冬日的银装素裹，以及那份恰到好处的温暖慰藉。银叶菊看上去十分"高冷"，但因其特殊的叶色受到了园艺师的青睐，常在花坛及花境中与其他色彩艳丽的植物搭配栽植，效果极佳，是重要的花坛观叶植物，也被誉为"花园里的最佳配角"。由于银叶菊的分枝能力强，在旺盛的生长期间，短短数周就能够形成气候。这种丛生状的菊科植物的花语是收获，在新居中摆上这样一盆茂盛的银叶菊，相信它生机勃勃的长势，很能打动居住者吧！因其美好的寓意和其讨喜的外形，银叶菊也常用来做新娘的手捧花。其实银叶菊的花朵也具有观赏性，可以用来做切花或者干花花束。无论是作为鲜切花、盆栽，抑或是作为婚礼手捧花等，银叶菊都有着它独特的出场方式，就像一位高贵典雅的女士，不争不抢，却总能显出整束花的温婉气质。银叶菊是花园里的花境常客，似雪花一般的银白精灵，在花园里起舞。

### 菊科蔬菜——莴笋

莴笋（*Lactuca sativa* var. *angustata*）又称莴苣，别名茎用莴苣、莴苣笋、青笋、莴菜。菊科莴苣属莴苣种能形成肉质嫩茎的变种，一、二年生草本植物。地上茎可供食用，茎皮白绿色，茎肉质脆嫩，幼嫩茎翠绿，成熟后转为白绿色。主要食用部位为肉质嫩茎，可生食、凉拌、炒食、干制或腌渍，嫩叶也可食用。茎、叶中含莴苣素，味苦，有镇痛的作用。

## 17. 香味杂草——牛膝菊

牛膝菊（*Galinsoga parviflora*），菊科牛膝菊属。

牛膝菊（刘培亮拍摄）　　　　　　牛膝菊（刘培亮拍摄）

菊科家族

形态：一年生草本植物。牛膝菊的株高10～80厘米，整株看起来纤细柔弱，周身长满柔毛，即便是叶片，正反面同样可见。它的花朵小巧淡雅，需要低头仔细寻觅才能看清楚。金黄色的花心（管状花）被4～5朵白色的舌状花围绕着，加上翠绿色的枝叶，很有清新的感觉。牛膝菊须根发达，根系分布于20～30厘米的表土层，近地的茎及茎节均可长出不定根。主茎节间短，茎基部粗0.4厘米，侧枝发生于叶腋间，生长旺盛，节间较长，每片叶的叶腋间可发生1条以上的侧枝。叶对生，卵形，长4～5厘米，宽3～4厘米，绿色，叶缘波状，有短叶柄，叶柄长1～2厘米，向上及花序下部的叶较小，披针形，全缘或近全缘。叶及茎的表面覆盖着稀疏的短茸毛。头状花序，有花梗，舌状花5个，舌片白色，雌性，管状花黄色，两性。瘦果，长1～1.5毫米，黑褐色。

分布：原产南美洲。我国四川、云南、贵州、西藏等省（区）有分布。

习性：牛膝菊喜冷凉气候条件，不耐热。

栽培：把种子均匀撒播在细碎平整的苗床上，盖一层细土，以看不见种子为宜，再盖一层黑纱，淋透水，7～10天出苗，当苗长至4片真叶时定植。定植时应选择肥沃疏松的田块，每667平方米施入有机肥1000千克或毛肥50千克，做成宽1.5米（包沟）的高畦，按25厘米或30厘米的株行距定植，定植后淋足定根水，以利成活。牛膝菊生长快，侧枝生长旺盛，生长量大，缓苗后，应及时追肥，一般每隔10~15天，每667平方米施尿素10~15千克，并保持土壤湿润，这样有利于茎叶生长，品质也较好。如果缺水、缺肥，不仅对其产量、品质有影响，还会使其向生殖生长转化，很快开花结实。

应用：牛膝菊有特殊香味，是花坛、花境中不可缺少的主材料，以其色彩鲜艳、造型丰富、宏观效果突出的特点，在景观中起到点缀、烘托的作用。一年种植，多年观赏，可增加园林中的自然景观，并起到分割空间或引导路线的作用，成为广场、公园、街道和庭院绿化中不可缺少的内容。嫩茎叶也可供食用，有特殊香味，风味独特，可炒食、作汤、作火锅底料等。


在花草植物的世界里，有不少和"牛"有缘的植物，光看名字就觉得它们很有趣，例如牵牛花、牛蒡、牛奶子等。以"牛"命名的植物的科有牛栓藤科、牻牛儿苗科等，属有牛鼻栓属、牛膝属、山牵牛属、牛奶菜属等，种有翼叶山牵牛、牛皮消、牛奶菜、牛奶子等。在众多带有"牛"字的植物中，还有一种菊科常见杂草——牛膝菊。

牛膝菊不起眼，大概是因为花（花序）太小了，直径只有大约3~5毫米。植株本身也不算高大，若是从牛膝菊覆盖的地

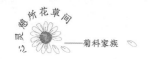

面上走过，大概只能没到脚踝。纤细的茎干似乎承担不住叶片的重量，总是一副无精打采的样子，聚成片也难有什么气势。但它是一种"实力强大"的入侵植物，它原产南美洲，适应力强，生长迅速，身影遍布全中国乃至世界各地。此外，牛膝菊的种子小而密集，生长迅速，适应大多数环境，会和其他植物竞争营养，或通过释放化学物质抑制其他植物的种子萌发和幼苗生长，这些特点使牛膝菊成了危害较大的恶性杂草。而在英国作家理查德·梅比所著的《杂草的故事》当中，牛膝菊也被视为一种"唯利是图"的杂草。

牛膝菊的头状花序比较典型，也比较特殊。首先是在外形上，牛膝菊的舌状花、管状花分明，管状花组成的黄色花心周围长有5朵三叉的舌状花。但舌状花之间相互分离，辨识度很高。另外是在结构上，一般菊花的舌状花只负责招蜂引蝶，不长花蕊，也就不结子。如向日葵，只在中间的花盘里长瓜子。但牛膝菊那5朵白色的舌状花也长花蕊（只有雌蕊）。尽管牛膝菊被贴上了"杂草"的标签和"外来入侵植物"的恶名，但并非一无是处，它以色彩鲜艳、造型丰富，成了广场、公园、街道和庭院绿化中不可缺少的材料。而且因为牛膝菊茎叶含有特殊的香味，在它的老家南美洲经常被作为香料植物，哥伦比亚人称之为"guasca"，用在沙拉里，或者用在一种叫"Ajiaco"的汤里。在中国，牛膝菊的痕迹早就遍布全国了。据说，在中国西南的一些地区，人们常摘取牛膝菊幼嫩的茎叶食用。近几年来人们对牛膝菊越发喜爱，还开发出了火锅、凉拌和做汤等各种吃法。同时，牛膝菊全草可作药用，有止血消炎的功效，对治疗扁桃体炎、咽喉炎、急性黄疸型肝炎，以及外伤出血有一定的疗效。

# 18. 光彩荣耀——勋章菊

勋章菊（*Gazania rigens*），菊科勋章菊属。

勋章菊（寻路路拍摄）　　　　勋章菊（寻路路拍摄）

形态：多年生草本，作一、二年生栽培，高30~100厘米。叶披针形或倒卵状披针形，全缘或羽状深裂，叶背有白色丝状毛。头状花序，舌状花红、橙、黄、白等色，常有纵向深色斑纹，花期为6~7月。

分布：正种原产南非。园林中常见的均为栽培品种。

习性：喜光，不耐寒，忌高温、高湿与水涝，耐干燥，耐贫瘠，适宜疏松肥沃、排水良好的沙质壤土。

栽培：秋季在冷棚内播种，选用播种盘或托盘育苗，撒种后用细蛭石覆盖0.3厘米，用塑料薄膜封盘，保持湿度直到种子萌发。适宜温度为18～25℃，8～20天种子发芽。幼苗3片真叶时移入7.5厘米的花盆内，放置在凉爽的条件下培养。春季霜冻结束后栽植园地，或更换到直径30厘米的花盆内，摆放在游人集中处观赏。

应用：因其花形、花色如同"勋章"，故名勋章菊。花朵昼开夜合，缤纷靓丽，是世界著名的观赏花卉。北方地区多作盆栽，摆放在小型庭院的路径旁。

勋章菊是菊科多年生草本植物，花形奇特，花色格外丰富，花期特别长，能盛开百十天，具有浓厚的野趣。它比菊花美，比太阳花好养，绚丽多彩，花瓣亮泽，花朵迎着太阳开放，随太阳落山而闭合，极富情趣，是园林中常见的盆栽花卉和花坛用花。

勋章菊也被称为"奖牌花"。名字缘于其花瓣上有一道黑色的筋纹，看起来像是一枚奖牌，形似勋章。勋章菊特别喜欢阳光，所以它还有个别名叫"太阳花"，如果没太阳或者光照不足，它的花瓣要么打不开，要么就开得有气无力。勋章菊在晨曦里初绽花容，在阳光下熠熠生辉，在酷暑中自在从容。盛开的勋章菊就是花儿颁给游人的一枚"勋章"。它那精致的花形、绚丽的色彩、花心处形似勋章的深色眼斑，还有花瓣上浓墨重彩的一抹条纹，怎一个美字了得！勋章菊不仅有着特殊的名字、特别的花形，也有着特别的意义。勋章是荣誉和实力的象征，所以勋章菊的花语也和勋章的意义不谋而合，代表光彩和荣耀，赠予他人勋章菊有"为你感到骄傲"的含义。美丽的花朵总是不会缺乏美好的寓意，如此灿烂的勋章菊也是美好的化身。勋章菊的花语还有深爱、灿烂，以及清白，你可以将勋章菊送给你所爱的人，来表达你的爱意。勋章菊在凉爽的环境中自春至秋开花不断，尤以秋季色彩更为浓艳，花色变化多样。勋章菊是多年生的植物，冬天的时候只需要保持零度以上的温度，它就能够安全过冬。勋章菊需要在阳光充足的场所生长，花朵在阳光下才能开放，阴天花朵会闭合。如果栽培场所光照不足，植株叶片会变得柔软，花蕾减少、花朵变小、花色变淡。相反，阳光充足时花色鲜艳，开花不断。勋章菊喜温暖、向阳的环境，是很好的园林花卉，也是很好的插花材料。勋章菊的栽培价值很高，现在在我国种植它的人越来越多，勋章菊因其奇特的花形、丰富的花色，越来越受到人们的喜爱。花开的时节，一朵朵盛开的勋章菊好似一枚枚勋章，迎太阳而放，随日落而闭，极富趣味。

知 识 小 拓 展

## 菊科奇珍——引人注目的栌菊木

菊科中绝大多数都是草本植物，木本的极稀少，乔木种类就更珍贵了。像华北的蚂蚱腿子（*Pertya dioica*）、西南的小叶帚菊（*Pertya phylicoides*）、西北的两色帚菊（*Pertya discolor*）等菊科木本植物，都是高 1 米左右的小灌木。栌菊木（*Nouelia insignis*）可以说是菊科中的小乔木，因为它有明显的主干，树高可达 5 米。栌菊木分布范围狭窄，为我国特有，目前仅知云南、四川有，据野外考察所见，常生于多石头、条件艰苦的地方，数量不多。栌菊木被列为国家二级保护树种，因为是乔木，所以很珍贵，它对研究菊科的系统演化关系及木本和草本的关系都有重要意义。

# 19. 自由纯洁——波斯菊

波斯菊（*Cosmos bipinnatus*），菊科秋英属。

波斯菊（刘培亮拍摄）　　　　波斯菊（刘培亮拍摄）

形态：一年生或多年生草本，高1～2米。根纺锤状，多须根，或近茎基部有不定根。茎无毛或稍被柔毛。叶2回羽状深裂，裂片线形或丝状线形。头状花序单生，径3～6厘米。总苞片外层披针形或线状披针形，近革质，淡绿色，具深紫色条纹。舌状花紫红色，粉红色或白色；舌片椭圆状倒卵形，长2～3厘米，宽1.2～1.8厘米，有3～5钝齿；管状花黄色，长6～8毫米，管部短，上部圆柱形，有披针状裂片。瘦果黑紫色，无毛，上端具长喙，有2～3尖刺。花期为6～8月，果期为9～10月。

分布：原产美洲墨西哥。中国栽培甚广，在路旁、田埂、溪岸也常自生。云南、四川西部有大面积归化，生长海拔可达2700米。

习性：喜光植物，耐贫瘠土壤，忌肥，忌炎热，忌积水，对夏季高温不适应，不耐寒。需疏松、肥沃且排水良好的壤土。

栽培：春、秋季均可播种，波斯菊的种子有自播能力，一经栽种，就会生出大量自播苗；若稍加保护，便可照常开花。适温20～25℃，约6～7天发芽。幼苗具4～5片真叶时移植，并摘心，也可直播后间苗。如栽植地施以基肥，则生长期不需再施肥，土壤若过肥，枝叶易徒长，开花减少。在生长期间也可行扦插繁殖，于节下剪取15厘米左右的健壮枝梢，插于沙壤土内，适当遮阴并保持湿度，6～7天即可生根。高中型品种花前需设支柱，以防风灾倒伏；其生长迅速，可以多次摘心，以增加分枝。

应用：波斯菊株形高大，叶形雅致，花色丰富，有粉、白、深红等色，可在草地边缘、树丛周围及路旁成片栽植，美化环境，颇有野趣。也适合作花境背景材料，可植于篱边、树坛或宅旁。重瓣品种可作切花材料。

波斯菊，别名大波斯菊、秋英。波斯菊的颜色十分靓丽，长长细细的枝干随风飘扬，看起来十分柔美可爱、风韵撩人，盛开时形成一大片花海，颇富诗意。由于它的长相非常讨人喜欢，所以被广泛种植。因具有超强的适应性和繁殖力，波斯菊被称为"宇宙之花",并被作为观赏植物在世界各地广泛栽培。现在它几乎随处可见,城市街道、私人庭院和农家村落都有种植。波斯菊植株形态清秀,叶片形如羽毛,轻盈飘逸,花朵大而色艳,开花数量多。波斯菊叶形雅致,花色丰富,适于布置花境,重瓣品种可作切花材料。盛开的波斯菊,迷离万般,姹紫嫣红,在初阳轻风里,舞动着变幻的色彩和飘逸的身姿。阳光下,一株株波斯菊迎风摇曳,仿佛是穿着华裳舞衣的美丽少女,跳着优雅的芭蕾。在乡村的小路旁、公园里、城市路边的绿化带中随处可见一片片波斯菊,五颜六色,碧绿的叶子衬托着亮丽清雅的花朵,十分美丽。人们喜欢波斯菊的洒脱、浪漫、纯洁、多情、魅力、妖艳、自然、随性……一切富有魅力的词汇在它身上都那么恰到好处。波斯菊看似柔弱纤细,但它有着顽强的生命力,它的生长不择土壤,在乡村、路边、田野,经常会看到它魅力的身影,给人们以美的享受。它不仅点缀了我们的生活,还愉悦了我们的心情。

波斯菊原产墨西哥,在哥伦布发现新大陆之后,欧洲人们才有缘见到这种楚楚动人的花,船员们采下种子,将它带回欧洲栽种,由于它的长相讨人喜爱,又容易栽培,很快从花园伸向山林、郊野,在欧洲大陆落地生根。此外,波斯菊也征服了植物学者的心。它学名中的"cosmos"源于希腊语,原意有宇宙、和谐、秩序、名誉、善行等正面意义,可见命名者对它实

在是厚爱有加。一朵朵，一簇簇，你挨着我，我挨着你，波斯菊花海迎风起伏。它全然不顾周围的境况，只是自顾自地美到无与伦比，美丽鲜活、饱满热情，展示着生命蓬勃的力量，每一朵都是风景。

有些花友喜欢把波斯菊叫作格桑花，其实这种叫法不是很准确。格桑花在西藏地区有着美好的寓意，高原上圣洁的格桑花，代表着美好时光和幸福。它是由藏区的多种高山野花组成的，这些花统称格桑花，而波斯菊只是格桑花中的一种。如果单独介绍此花，还是称其为波斯菊更精确一些。传说巫婆算命说波斯菊公主——波斯菊国王的小女儿，是个永远的孤独者。这是波斯菊王国里最强的诅咒，没有任何人能够解除这个诅咒，所以波斯菊公主一个人住在公主城堡里面度过了很久很久，每天日升月落，总是她一个人，寂寞无时无刻不在侵蚀着她的心。特别是黑夜的宁谧让时光显得很漫长，她常常在夜里坐在花园中的秋千上独自哭泣。过了好久好久，一位来自远方的骑士路过公主的城堡，看到美得不可方物的波斯菊公主，英俊潇洒的骑士对公主一见倾心。波斯菊公主也被骑士俊朗的外表迷住，两个人相爱了。幸福降临，波斯菊公主的诅咒被解开了。

# 20. 太阳使者——金盏花

金盏花（*Calendula officinalis*），菊科金盏花属。

金盏花（卜洁拍摄）　　　　　　　金盏花（卜洁拍摄）

形态：金盏花株高30~60厘米，一年生草本植物，全株被白色茸毛。单叶互生，椭圆形或椭圆状倒卵形，全缘，基生叶有柄，上部叶基抱茎。头状花序单生茎顶，形大，4~6厘米，舌状花1轮，或多轮平展，金黄或橘黄色，筒状花，黄色或褐色。也有重瓣（实为舌状花多层）、卷瓣和绿心、深紫色花心等栽培品种。花期为4~9月，盛花期为3~6月。瘦果，呈船形、爪形，果熟期为5~7月。

分布：原产欧洲西部、地中海沿岸、北非和西亚，现世界各地都有栽培。

习性：喜光照，对土壤要求不高，在干旱、疏松肥沃的碱性土中生长良好，耐瘠薄。

栽培：选在春、秋两季播种，将种子播种到土壤中，等幼

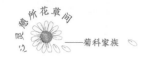

苗长出3片以上的真叶时移栽种植。也可在春季扦插种植，将插穗剪下来，扦插到基质中促进生根，等生根稳定后，进行移栽种植。每两个月1次，剪掉带有老叶和黄叶的枝条，只要温度适宜，一年四季都可以开花。金盏花的繁殖方法有播种繁殖和扦插繁殖两种，经常发生枯萎病和霜霉病，可用65%的代森锌可湿性粉剂制成500倍液喷洒防治。

应用：适用于中心广场、花坛、花带布置，也可作为草坪的镶边花卉或盆栽观赏，长梗大花品种可用于切花。金盏花的抗二氧化硫能力很强，对氰化物及硫化氢也有一定抗性，为优良抗污花卉，也是春季花坛的主要材料，可作切花及盆栽。金盏花富含多种维生素，几乎各部位都可以食用：其花瓣有美容的功能，花含类胡萝卜素、番茄烃等；种子含甘油酯、蜡醇和生物碱等。

金盏花又被称为"太阳的使者"，花之物语为"盼望的幸福、离别之痛"。金盏花可以表达多种情感：在印度，金盏花被编制成花环，戴在神明的雕像上，表达崇敬；或用来装扮婚礼，表达对新人的祝福；也可以用来布置葬礼，保佑逝者往生极乐；还可以挂在贵宾的脖子上，表示欢迎。基督教把金盏花视为"通知圣母玛利亚怀孕之花"，所以它又代表了母性和祝福，它还有一个别名，叫作"家庭主妇的时钟"。因为这种植物固定在早晨的某个时间开花，然后在晚上的某个时间闭合，是一种相当守时的花。

　　金盏花，菊科一年生草本植物，是早春园林最常见的草本花卉之一，也是菊科植物中最美丽的花卉之一。它不仅美丽漂亮，还具备许多实用价值。在古代西方它被作为药用材料或染料，也可以作为化妆品原料或食物，其叶和花瓣可以食用，因此受到人们的广泛喜爱。金盏花原产欧洲，在欧洲栽培历史较长。中国金盏花的栽培，是18世纪后从国外传入的。金盏花株形优美，叶片互生呈椭圆形，花盘圆满紧实，花色多为金黄色，远远望去好似金灯笼一般。古埃及人认为金盏花能延缓衰老，印度人则尊奉它为神圣的花。金盏花分枝多，花量也多，开花特别密集，而且颜色多，色泽明亮艳丽，用盆栽植在家里，可让家里变得很温馨，而且金盏花华而有实，它还可以泡水喝，有一定的保健效果。金盏花的全草在我国已被纳入中草药范畴，它具有清热解毒、活血调经的功效。历史上欧洲人曾用它来对抗瘟疫和黑死病。而现代人们则把它提炼加工成植物精油，或制成花茶，供人们冲泡饮用。金盏花对于驱逐飞虫也具有良好的效果，若是在家中的阳台种上几棵金盏花，对于飞进阳台的甲虫、飞蛾，以及幼虫具有较强的驱赶能力，可算是欣赏与驱虫两不误。金盏花不仅是美丽的观赏性植物，以前还是一种制作染料的原材料，过去的绸缎染色经常使用金盏花。金盏花的叶子和花瓣在经过处理之后可以制作成菜肴，也可以

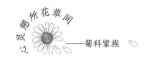

用来作为美食的装盘装饰。金盏花花瓣的颜色有橙色、黄色和橘红色，都是暖色系，如此颜色鲜艳的金盏花在盛开时洋溢出满满的热情和蓬勃向上的生命力，给人一种温暖的感觉。金盏花出现的场合很多，有时还会出现在婚礼上，这是因为它的颜色鲜艳灿烂，看起来一派喜气洋洋的景象。金盏花的花语是希望，惜别、离别之痛，高尚，圣洁。金盏花喜欢阳光充足的环境，适应性较强，耐寒，是冰天雪地里最早开放的花，有着"林海雪莲"的美称。早春时节，随着天气转暖，金盏花率先绽放，在蓝色天空的映衬下，盛开的金盏花宛如一幅美丽的画卷。

## ■知识小拓展■

### 从菊科植物中提炼出的特殊物质

甜菊糖：菊科植物中有一种多年生草本植物——甜叶菊，它的叶是所有植物中最甜的叶，甜菊糖就是从甜叶菊的叶、茎中提取出的高甜度、低热能的甜味剂。甜叶菊原产南美巴拉圭东部，当地人称为"甜草"，其甜度为蔗糖的300倍。

除虫菊酯：菊科植物中有一种多年生草本植物——除虫菊，其花朵中含有一种叫作除虫菊酯的物质。除虫菊具有杀虫的作用，高效且低毒，我们平时夏季用的蚊香中就含有除虫菊酯。

## 21. 坦诚有爱——大滨菊

大滨菊（*Leucanthemum maximum*），菊科滨菊属。

大滨菊（寻路路拍摄）　　　　　大滨菊（寻路路拍摄）

形态：多年生草本，高40～100厘米，茎直立，通常不分枝。基生叶较大，匙状倒卵形，基部狭窄呈长柄状；中、上部叶椭圆状披针形或披针形，无柄；边缘有细尖锯齿。头状花序，舌状花白色，管状花两性，黄色，具淡香。花期为6～7月。

分布：原产法国、西班牙。我国南、北方各地均有栽培。

习性：喜光照充足和温暖湿润的环境，稍耐阴，耐低温，抗旱性较强，喜排水良好的沙质壤土或壤土。

栽培：秋季或早春用容器在冷棚内育苗，萌芽较容易。幼苗出土后加强水肥管理，促使生长健壮。生长3～4年后的春季或秋季分株，避免拥挤影响生长。根状茎较长，可挖出后切成10厘米的根断做插条，上盆后放在阴凉处，待根系充分形成后

进行种植，种植前深翻土地并施入腐熟的有机肥。

应用：可布置花坛、花径，或成片种植在田园中、道路旁或街心绿地，矮茎品种可盆栽。

大滨菊为多年生宿根草本植物，花具香气，花语寓意为真诚、友爱、真爱。因为"滨"和"宾"是同音，象征着友谊，非常适合送给朋友，可用它表达朋友之间的情谊，代表友谊会更加长久；或者送给爱人，表示不离不弃。五月，正是温暖宜人的季节，习习微风中裹挟着花朵的清香，古城西安的大滨菊花海开始吐露芬芳，初夏的天空更加明净，大滨菊是这夏日里的白雪公主，清丽甜美，别有风情，惹得彩蝶纷飞、蜜蜂起舞，处处充满着奔放、自由。碧绿的叶子、洁白的花朵显得生机勃勃，走在花海里的人们仿佛置身于油画世界一般，纯净又美好。

## 22. 奇花异草——亚菊

亚菊（*Ajania pallasiana*），菊科亚菊属。

形态：多年生草本，具根状茎，丛生状，高30~60厘米，常不分枝。叶稠密，倒卵圆形或椭圆形，羽状浅裂，叶面灰绿色，边缘白色。多数头状花序密集排列成伞房状，花黄色，花期为10月。

分布：原产亚洲中部和东部。我国南方多见栽培，北方也有。

习性：喜光照充足或稍有遮阴处，夏季炎热的地区需要遮阴，耐寒性强，抗干旱与贫瘠，适宜中等潮湿、排水性好的土壤。

栽培：春季或秋季选择健壮枝条扦插繁殖，15~20天生根，期间适当控水以防霉变；也可采用根插条或分株繁殖。夏初或花期过后可通过修剪压低植株高度，激发生长活力。在冬季寒冷的地区种植，休眠期要保持土壤干燥并作防寒处理；而在冬季温暖的地区，表现为常绿性。

应用：既可观花，又可观叶。常片植用作园林地被，或布置在花境、步道的前面，也可点缀在岩石间或草坪中，或作盆栽。

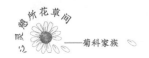

亚菊的花语是富丽堂皇。亚菊虽然不如菊花硕大，但花朵繁茂，花量大，花色金黄，并且除了赏花以外，它的叶片也具有较高观赏性。亚菊的叶片上下两种颜色，上面青绿色，下面白色或灰白色，并且在边缘清晰可见，犹如镶了一道亮丽的银边。

亚菊是菊科的一个品种，有着悠久的历史和丰富的文化内涵，被认为是中国传统文化中的重要元素之一。据说，亚菊最早出现在唐朝时期，当时有位叫张仲景的医者在《伤寒杂病论》中提到了亚菊的药用价值，认为它可以治疗一些疾病。后来，亚菊逐渐成为一种受欢迎的观赏植物，被人们用来装饰庭院和房间。

总之，亚菊作为一种独特的花卉品种，在中国文化中拥有着丰富的历史和文化内涵，被人们视为一种具有象征意义的文化符号。

# 23. 感恩回忆——紫菀

紫菀（*Aster tataricus*），菊科紫菀属。

紫菀（卜洁拍摄）　　　　　　　紫菀（卜洁拍摄）

形态：多年生草本，茎高20～50厘米。叶互生，披针形至倒卵形，下部叶有柄，上部叶无柄，有毛，深绿色，边缘有齿。头状花序，管状花黄色或橙黄色，舌状花通常为蓝紫色，有浅粉色或深粉色品种，花期夏季至秋季，持续数月。

分布：原产欧洲比利牛斯山脉、阿尔卑斯山脉及西亚地区。我国北方地区有栽培。

习性：喜光，耐部分遮阴，耐低温，抗干旱，稍耐贫瘠，尤喜湿润。喜排水性好的多沙砾土壤。

栽培：春季冷床播种，播前种子冷处理两周，利于改善发芽率，20℃条件下两周后发芽。幼苗足够大时移入盆中培育，夏季种植，第二年开花。每3～4年的春季分株，剔除衰老、无新根的部分，每丛留3～4个开花的茎，按照30～45厘米的间距

布置在园地中。土壤内可添加充分腐熟的有机肥和粗沙砾。

应用：花繁色艳，多用于花坛或路边绿化，可片植于花坛中，也可装饰花境，是布置生态风景区、花园的材料。

紫菀的花色一般为淡紫色，给人一种清新脱俗的感觉。紫菀能够吸收空气中的大部分有害气体和粉尘，同时还能释放氧气，有助于让周围空气变得更加清新。

紫菀的花语是回忆与真挚的爱。传说紫菀为痴情的女子所化，为了早卒的爱人，在秋末静静地开着紫色的小花，等待爱人漂泊的灵魂。关于紫菀的另一个传说是：死去的人为了告慰爱人，在秋天时候，坟墓的周围就会开出淡紫的小花。活着的人看着这些小花，就像见到曾经的爱人一样，沉浸在美好的回忆与思念中。

## 24. 平静浪漫——堆心菊

堆心菊（*Helenium autumnale*），菊科堆心菊属。

堆心菊（卜洁拍摄）　　　　　堆心菊（卜洁拍摄）

形态：多年生草本。茎直立，高90~150厘米，多分枝。叶长圆形或披针形，深绿色。头状花序顶生，管状花簇拥成球状，舌状花深黄色，有橙红或深红等品种，花期为7~9月。

分布：原产北美。世界各地广泛栽培。

习性：喜光照充足的环境，耐低温，抗干旱，适合在排水良好的各类土壤中生长。

栽培：2~3月或9~10月在冷棚中用播种育苗盘育苗，撒种后稍加覆土，光照有利于种子发芽，高秆品种在肥沃、潮湿的土壤中徒长而易发生倒伏，可用支架支撑。为防止花期倒伏，可在早春短截压低高度，增加分枝，促进更多花芽形成。

应用：在长三角地区，如果栽培条件适宜，5~11月皆可开花，花期可达半年。花虽小，但鲜艳精致，十分耐看，适宜

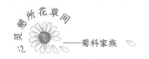

孤植或丛植，花序可作切花。

堆心菊是菊花的一种，也叫翼锦鸡菊，最开始生长在北美一带，现在中国各地都已经广泛种植。堆心菊长得比较矮小，但它的花又密又嫩，尤其是花顶部的圆形花序非常特别，大片的堆心菊长在一起的时候会给人一种强烈的视觉冲击感。堆心菊在日常生活中也是比较常见的，因为它的种子价格相对便宜，观赏价值较高，所以人们经常可以在花园或社区中看到它们。但人们却很少在花店里看到它们，可能因为很多人认为堆心菊没有特殊的意义，不够精致。其实，堆心菊也有它代表的特殊含义。在西方，人们相信如果将一朵堆心菊赠予他人，则代表着对对方的爱和关怀；在日本，堆心菊代表着真正的爱情和忠诚；据说在中世纪时期，堆心菊被认为是守护天使的象征，人们相信这种花可以保护他们，为他们带来平静，也会将他们的祈祷带给上帝；在中国古代的一些文化中，堆心菊被认为拥有神秘的力量，可以使人感到快乐和幸福，在一些传说中，人们相信这种花可以帮助他们治愈身体和心灵上的创伤。虽然堆心菊在不同的文化和地区有不同的解释和意义，但无论如何，它都是一种美丽的花卉，代表着爱情、忠诚和守护。

# 知 识 小 拓 展

## 菊科奇珍——旱不死的革苞菊

革苞菊（*Tugarinovia mongolica*）是菊科革苞菊属唯一的种，为多年生极低矮小草本。高 2 ~ 4 厘米，含胶黏液，根粗厚，根茎部有历年残存的叶柄纤维，簇团状。茎基部有白绵毛，花茎有数个，密布白色绵毛。叶片长椭圆形，革质。头状花序单生茎顶，雌雄异株，雄头状花序较小，总苞片为 4 层，外层由较长的苞片组成，苞叶革质，所以得名"革苞菊"。革苞菊分布于内蒙古乌兰察布市和巴彦淖尔市，它生长的地方全是极端干旱的沙砾质的坡地或石质丘陵的上部。由于分布面积小、生长环境特殊，革苞菊已被列为国家二级保护植物。

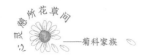

## 25. 碧叶黄花——大吴风草

大吴风草（*Farfugium japonicum*），菊科大吴风草属。

大吴风草（卜洁拍摄）　　大吴风草（卜洁拍摄）

形态：多年生草本，根茎粗壮，花莛高达70厘米。叶全部基生，莲座状，基生叶有长柄，肾形；茎生叶1～3，苞叶状，长圆形或线状披针形。头状花序3～7排列成伞房状花序，舌状花8～12，黄色，花期为8～11月。

分布：原产中国、朝鲜、日本。分布于我国东部部分省区，长江流域栽培较多。

习性：喜部分遮阴和湿润凉爽的环境，耐寒性较强，忌干旱和强光直射，适宜于疏松肥沃、排水良好的土壤。

栽培：播种、分株繁殖。栽培地宜选择轻度遮光、湿润通风处，土质以富含有机质的沙质壤土为佳。

应用：耐阴性好，常片植在疏林中、立交桥下、道路花坛、溪流岸边；也可配置在墙垣一角、假山一隅；盆栽观赏亦佳。主治咳嗽、咯血、便血、月经不调、跌打损伤、乳腺炎等。

秋风中的一抹金黄，迎着瑟瑟秋风展示着它傲人的身姿，金黄的色泽在萧瑟的背景中十分抢眼，在圆润叶片的衬托下十分可爱，这便是深秋时节十分常见的花卉——大吴风草。大吴风草最突出之处是它的叶子，马蹄形、硕大如荷叶的圆叶片，和菊科那些常见的叶形差别很大，在它不开花的时候，人们怎么也不会想到它也是菊科植物的一种。这样形状的叶子总会让人想起冬瓜叶或者南瓜叶，有时还会幻想着，那翠绿丛中会不会结出大冬瓜或者大南瓜呢？直至开花，一根根粗壮的花莛之上，拥簇着一团团金黄色典型的菊科花朵，才知道原来这瓜叶模样的植物竟也是一种菊花！

根据《本草纲目》中的条目，大吴风草有多种别名，如鹿衔、吴风草、无心、无颠等。大吴风草的叶片像莲叶、马蹄、玉如意、二月兰，叶表面光亮，边缘有齿，植株可以入药，能凉血、止血，治疗支气管炎、肝炎，甚至有对抗肿瘤的潜能。《中国植物志》关于"大吴风草"的条目下有一条记录："本种早在1856年就由罗伯特·福特尼从我国清朝政府的花园中引至英国栽培，并选出了一些栽培品种。"这位罗伯特·福特尼本是一位英国植物学家，后受东印度公司差遣，先后潜入我国茶叶核心产区，盗取了20000多种优质茶种，并成功引种至印度

加尔各答和斯里兰卡，还将制茶工艺和技术完整复制过去。印度茶叶由此崛起，而中国在世界茶叶贸易中的份额，由绝对垄断地位的92%，一路下跌至6%，中国茶叶贸易和鸦片贸易之间的平衡被打破，经济入不敷出，国力由此衰弱。大吴风草居然和"茶叶大盗"也有关系，真是让人惊异。

大吴风草，在冬春用自己美丽的叶子展示自己，而在夏秋又不忘记以典型的菊科小花来表达自己的真实身份，永远都在不同的时期展示着自己美丽而又特别的一面。范仲淹曾经感慨过："碧云天，黄叶地。秋色连波，波上寒烟翠。"他把秋天描绘得凄清哀飒，而秋天正是属于大吴风草的舞台，它最喜欢迎着瑟瑟秋风，和着细细秋雨，骄傲绽放。当你在暗色调的公园里突然看到一抹惹人眼亮的明黄色，一大片一大片，在绿叶的衬托下更加明晃晃，像许多金黄色的火炬，让你感觉一下子忘记了秋天的萧瑟与枯零时，那就是——大吴风草！严冬的时候它把果实包成个蒲公英般的小绒球，一簇簇的，俏皮活泼，看起来像冬天里的一件小棉袄。大吴风草的适应能力很强，对环境的要求不高，而且很耐寒，冬天里叶子也保持着常绿的形态，而且菊科植物不招病、不招虫的特性也使大吴风草成了极好的园林地被植物。

## 26. 高贵可爱——果香菊（洋甘菊）

果香菊（*Chamaemelum nobile*），菊科果香菊属。

果香菊（卜洁拍摄）

形态：多年生草本，全株有毛，芳香。茎高15～30厘米，多分枝。叶互生，轮廓矩圆形或披针状矩圆形，2～3回羽状全裂，末回裂片细线状。头状花序单生于长枝顶，舌状花白色，管状花黄色，花期为4～5月。

分布：原产欧洲西部和非洲北部。我国南北各地均有栽培。

习性：喜光和夏季凉爽的气候，耐部分遮阴，耐低温，稍耐旱，适宜疏松肥沃、中等潮湿、排水良好的土壤。

栽培：早春播种，易出苗，也可分株繁殖。匍匐茎着地后会产生大量的根，将地面以上带有根的嫩枝剪下来，装盆培养，缓苗后栽植。强剪压低高度，可作为草坪植物，也可控制杂草的生长。

应用：植株低矮，全株有辛辣香味，广泛用作地被，或布置在花境前，也可点缀在岩石旁。果香菊自古就被视为"神花"，具有很好的修护敏感肌肤的作用。

果香菊原产欧洲、西亚和北非等地，因为浓郁的香气很像苹果，被古希腊人称为"苹果仙子"，人们还把它作为温和且不具副作用的万能疗方。在古埃及人看来，它小巧的花身、像太阳一样的外形，蕴含着生生不息的宇宙能量，是具有强大治愈能量的神草。黄色的蕊、白色的瓣，娇柔而安静，在欧洲的庭院或小路旁，常常会看到它纤巧的身影，虽不起眼，却有着强韧的生命力，朴素而高贵。据说在古埃及、古希腊、古罗马时期，果香菊已经进入人们的生活中，Chamomile就源自希腊文，意为"大地的苹果"。它的花不仅具有强烈的苹果香，而且内含丰富的氨基酸、挥发油、黄酮类化合物、镁、钙、铁、锌等物质。它还能使栽种在其四周的植物健康成长，所以还有"植物医生"的美称。

从出土的古植物化石来看，果香菊种植的最早时间可以推测至公元前9000～前7000年的新石器时代，这说明它陪伴人类已有近万年的历史，同时代都有关于它的记录。在古希腊、古罗马时期，人们把它煮成茶汤，制成果香菊茶，作为放松心情与帮助睡眠的饮料。人们还会把果香菊的汁液涂抹在皮肤上，让皮肤保持足够的水分来抵挡炎热的天气。后来，"医学之父"希波克拉底发现果香菊在安抚病人焦躁的情绪上有非常好的效果。在他的带领下，后世一些著名的医师、科学家和植物学家，开始对果香菊开展更细致、更广泛的研究。在中世纪，无论是贵族的城堡，还是平民的矮屋，人们都会撒上大量新鲜的果香菊或果香菊干花，或在户外用火焚烧果香菊，以驱逐秽气。同时，大人们会把果香菊做成花环戴在孩子们的脖子上，希望他们能够远离疾病的威胁。穿越历史到今天，这朵万能的"保健花"依然在为人类的健康保驾护航，不只在欧洲，世界其他地区也有它清新美丽的身影。在中国的新疆伊犁，得天独厚的自然环境孕育着优质的果香菊。每年的6月是果香菊绽放的季节，花开时，花瓣会慢慢绽放，黄色的花蕊会释放出清新甜美的苹果般的香气。在家中摆放一大束果香菊，仿佛收获了一缕温暖的阳光，使人心情大好。婚礼花艺设计中，果香菊可以与其他不同的花材一起做成手捧花，或者单独做成一个小花环。比起其他色彩艳丽的花朵，简约美的果香菊既不俗气，又使高贵与可爱并存。

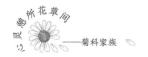

## 27. 好生之德——艾蒿（艾草）

艾蒿（*Artemisia argyi*），菊科蒿属。

艾蒿（刘培亮拍摄）

形态：多年生草本，地下根茎分枝多。株高45～120厘米，茎直立，圆形有棱，外被灰白色软毛。茎从中部以上有分枝，茎下部叶在开花时枯萎；中部叶不规则互生，具短柄；叶片卵状椭圆形，羽状深裂，基部裂片常成假托叶，裂片椭圆形至披针形，边缘具粗锯齿，正面深绿色，稀疏白色软毛，背面灰绿色，有灰色绒毛；上部叶无柄，顶端叶全缘，披针形或条状披针形。头状花序，无梗，多数密集成总状，总苞密被白色绵毛；边花为雌花，7～12朵，常不发育，花冠细弱；中央为两性花，10～12朵。花色因品种不同，有红色、淡黄色或淡褐色。瘦果长圆形，有毛或无毛。

分布：原产中国，主要分布在亚洲东部。我国东北、华北、华东、华南、西南，以及陕西、甘肃等地均有分布。

习性：喜温暖湿润的气候，耐旱，耐阴，以疏松肥沃、富含腐殖质的壤土栽培为宜。

栽培：生产中主要以根茎分株无性繁殖，需要注意分株的时间，也可用种子繁殖。一般种子繁殖在3月播种，根茎繁殖在11月进行。分株繁殖一般在3~4月挖掘株丛，分株栽种，按行株距33厘米×33厘米开穴，每穴栽3~4株，填土压实，浇水。每年中耕除草，施肥2~3次，可在收获后进行，一般在5月、7月或9月，施肥以人畜粪肥为主。栽培3~4年后，老株要重新栽种。

应用：艾蒿是一种传统中药材，生长于路旁、草地、荒野等处，亦有栽培，全草可入药。艾叶晒干后可捣成艾绒，或制成艾条供艾灸用，又可作印泥的原料。

艾蒿一般在每年端午节前采收，因为古人认为端午是一年之中阳气最盛的一天，而艾蒿在这天也是最成熟的时候，所以艾蒿被认为是顺着这阳气的旺盛之势而成，是纯阳之物。中华几千年文明发展过程中，人们对艾蒿的应用形式丰富多彩，从风俗习惯到药用价值，形成了价值显赫的"艾文化"。

每年端午节，很多地方流行在门上挂艾蒿驱邪、泡艾浴驱五毒、食艾饼。端午节门上挂艾蒿的习俗，表达了民间百姓祈求尤病、追求幸福的美好愿望。传说远古时期，有只水怪想淹

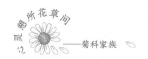

没一些土地扩大自己的地盘，天上的神仙知道后，怜悯人间众生，便想了一个办法。神仙砍了艾蒿和菖蒲，并用它们做成宝剑与水怪决斗，取胜后，他与水怪约定凡是墙上挂有艾蒿和菖蒲的人家，就属于神仙，没有的，则归水怪所有。到端午节那天，水怪乘着浪头来，发现家家户户门上都挂了一束像宝剑一样的艾蒿和菖蒲。原来决斗后神仙把手中的宝剑洒向了每家每户，保护了人间百姓。从那以后，每到端午节人们就会在自己家的墙上挂一些艾蒿和菖蒲，来吓退水怪，以保护自己的房屋和财产。其实端午节挂艾蒿的真正原因是艾蒿有特殊的芳香气味，是一味芳香化浊的中药，悬挂艾叶、燃烧艾叶可以杀菌消毒，预防瘟疫。端午节也是自古相传的"卫生节"，人们在这一天洒扫庭院、挂艾蒿、洒雄黄水、饮雄黄酒，以激浊除腐，杀菌防病。这些活动也反映了中华民族的优良传统，让我们的传统节日充满了仪式感。

青团是江南人家在清明节吃的一道传统点心，将艾蒿的汁拌进糯米粉里，揉成面团，再包裹进豆沙馅或者莲蓉馅，不甜不腻，带有清淡却悠长的青草香气。在传统文化中，清明节是由清明节气、寒食节、上巳节共同融合而成的重大节日。寒食节在清明前一两天，主要习俗是禁火，不许生火煮熟，只能吃备好的熟食。关于寒食节，还有一个悲凄的故事：春秋时期，晋国公子重耳为躲避祸乱而流亡他国长达19年，大臣介子推始终追随左右，不离不弃，甚至"割股啖君"。后来重耳成为一代名君"晋文公"，这时介子推不求利禄，与母亲归隐绵山，晋文公为了迫使他出山相见，下令放火烧山，没想到介子推坚决不出山，最终被火烧死。晋文公感念忠臣之志，将其葬于绵山，修祠立庙，并下令在介子推死难之日禁火寒食，以寄哀思，这就是"寒食节"的由来。

关于青团的由来，有一个传说。传说有一年清明节，太平天国将领李秀成被清兵追捕，附近耕田的一位农民将李秀成化装成农民模样，与自己一起耕地。清兵没有抓到李秀成，于是在村里添兵设岗，每一个出村人都要接受检查，防止他们给李秀成带食物。回家路上，那位农民正苦苦思索怎么给李秀成带食物时，一脚踩在一丛艾蒿上，滑了一跤，爬起来时只见手上、膝盖上都染上了绿莹莹的颜色。他顿时心生一计，连忙采了些艾蒿回家，然后将其洗净、煮烂、挤汁，揉进糯米粉内，做成一只只米团子。然后他把青色的团子放在青草里，成功瞒过村口的哨兵。李秀成吃了青团，觉得又香又糯。天黑后，他绕过了清兵哨卡，安全返回大本营。后来，李秀成下令太平军都要学会做青团以御敌自保，吃青团的习俗就此流传开来。

关于艾蒿的传说和习俗在中华大地上已有几千年的历史，艾蒿是我们传统文化的瑰宝，值得我们去深入了解。

# 28. 幸运天使——蓍草

蓍草（*Achillea millefolium*），菊科蓍属。

蓍草（卜洁拍摄）

蓍草（卜洁拍摄）

形态：多年生草本，有匍匐根茎。茎直立，高50~100厘米，被白色长柔毛。叶互生，2~3回羽状全裂，末回裂片披针形至条形，无柄。头状花序多数，密集成复伞房状，花白、粉红或紫红色，花期为5~8月。

分布：原产欧洲、亚洲及非洲北部。我国东北、内蒙古、新疆少见野生，东北、西北、华北及华中地区为栽培适宜区。

习性：喜温暖、湿润的环境，耐寒，抗干旱，对土壤要求不高。

栽培：播种、分株均可在春秋进行。秋播苗次年夏季开花，春播苗第二年开花。初夏扦插，2周后生根。入冬前剪除地上枯枝，为促老株复壮，可2~3年分株1次，栽植前施足底肥。高茎品种雨季易倒伏。

应用：花色丰富，绿色期长，早春二月出芽、展叶，直至初冬倒苗。宜片植于花坛、作点缀植于花境，也可布置城市休闲绿地，形成壮观的花带。亦可作为药用，有清血、利尿、发汗、改善畏寒等功效。

传说，希腊神话中最伟大的英雄——阿喀琉斯，除后脚筋以外，全身刀枪不入。有一次，他却非常不幸地被人伤到了后脚筋，幸亏阿喀琉斯用蓍草疗伤，这位粗心大意的英雄才保住了性命。因此，蓍草的花语是粗心大意。受到这种花影响的人，传说做事常会粗心大意，因此平时做事最好三思而行，尽量在行事前思考清楚。

蓍草与中华文化始祖伏羲还有一个美丽的传说。伏羲生于甘肃天水，崛起于中原，在上蔡（今河南淮阳）白龟庙附近用蓍草占卜并给此地取名蔡地。相传远古时期，伏羲氏率领部落族人游历到星分龙角——一道纵贯南北的土岗与由西向东奔流的河流交汇之地，见土岗的北端蓍草丛生，水中元龟浮游，是块风水宝地。他便在此以蓍草茎与白龟甲占卜，测定人间祸福、天下吉凶，并演化始创了开启中华文明的先天八卦，结束了结绳记事的蒙昧历史。蔡地的名字由蓍草而起，加之伏羲占卜以蓍草茎和白龟甲为道具，增添了蓍草的神圣感。伏羲的盛名和杰作，令蓍草成为三皇五帝预测的表象和顺天治国的

占卜神物，并名扬天下，传袭后世。后来，蔡地人才辈出，据说都得益于此。后人为感念伏羲的功德，在此地修建了伏羲庙和画卦亭，周围广植蓍草，所以这里也称蓍台，这些遗存至今犹在。

苏格兰人常用蓍草做护身符或幸运符，人们认为它有驱逐邪灵的威力，教会也借用它来与恶魔对抗。年轻的少女会满怀希望地把蓍草藏于枕下，梦想借它的魔力招来真爱。希腊神话中提到，阿喀琉斯在特洛伊战事期间，用蓍草为士兵疗伤。有趣的是，蓍草以"军队的药草"为人所熟知，千百年来，一直被用于处理各式各样的病症，如跌打损伤、重感冒等。瑞典人把它加在啤酒中以增加刺激性。在现代生活中，人们常常用蓍草与玫瑰纯露一起进行泡澡。

## 29. 神秘优雅——红花除虫菊

红花除虫菊（*Tanacetum coccineum*），菊科匹菊属。

红花除虫菊（卜洁拍摄）

形态：多年生草本，高30～60厘米，茎直立，单生。叶轮廓卵形或长椭圆形，2回羽状分裂，1回为全裂，2回为深裂，裂片边缘有锯齿。头状花序，舌状花红色，栽培品种有单瓣或半重瓣，粉色与玫红等色，花期为3～6月。

分布：原产高加索。我国华北、西北、华中等地均有栽培。

习性：喜光照充足与气候凉爽的环境，耐部分遮阴，耐低温，适宜于土层深厚、湿润、有机质丰富、碱性至微酸性的土壤。

栽培：秋季在温室内播种，基质需排水良好，播种前浸种有利于种子萌发，播后用蛭石稍加覆盖，用薄膜封盘保湿，放置在温暖、光照充足处。第二年春季霜冻结束后栽植，当年叮

开花。可于春季霜冻结束后在户外苗床上播种，或用分株、扦插的方法繁殖。花前可追施磷肥。

应用：花色鲜艳，花形美观。可片植花坛，也可用作盆栽，花序可作切花。

红花除虫菊属于菊花的一种，顾名思义，它的花朵具有消灭昆虫的作用。它的花序中含有4种对昆虫神经具有麻痹作用的物质，这些物质可以运用到杀虫剂中。

与红花除虫菊有关的故事和传说有很多。相传唐朝时期，有一位名叫韦陀的和尚种植了一种神奇的红花，可以除去田间害虫，使庄稼丰收，这种红花就是红花除虫菊。无独有偶，相传在西藏冈仁波齐峰附近，有一种神奇的花，每年只在3月中旬至4月中旬开花，开花期间能够发出强烈的香味，吸引很多昆虫，但昆虫一旦接触花瓣，便会瞬间死亡，这种花就是红花除虫菊。还据说，明朝时期，一位名叫蒋时亨的医生，在治疗痢疾患者时使用了红花除虫菊，他发现这种植物不仅可以治疗痢疾，还可以治疗疟疾、伤寒等其他疾病，因此，红花除虫菊成了当时的一种常用药材。总的来说，红花除虫菊在中国历史悠久，不仅是一种重要的中药材，也是一种传统的农业防治害虫的植物。

## 30.默默无闻——旋覆花

旋覆花（*Inula japonica*），菊科旋覆花属。

旋覆花（刘培亮拍摄）

形态：多年生草本，根状茎短。茎直立，高30~70厘米，有开展的分枝。叶长圆形至披针形，基部常有圆形半抱茎的小耳，全缘或有细齿。头状花序排列成疏散的伞房花序，舌状花黄色，花期为6~10月。

分布：主产东亚。广布中国各地。

习性：喜光照充足和温暖湿润的环境，耐寒性强，抗干旱和贫瘠，适宜在各类土壤中生长。

栽培：种子具有较强的自播性，但自播苗通常出苗不齐，株距不匀，可于果熟期采种，随采随播或翌年春季播种。苗床需光照充足，床面整齐，浇透水后均匀撒播，稍加覆土，幼苗有3~4片真叶时移栽。成苗后可粗放管理。

应用：旋覆花是我国各地常见的野生花卉，花色鲜艳，可片植于园林路旁或林缘。旋覆花的根及叶可治刀伤、疔毒，煎服可平喘镇咳；花可健胃祛痰，也治胸膈痞闷等。

旋覆花在我国古代被称作金钱花。唐代诗人皮日休《金钱花》诗云："阴阳为炭地为炉，铸出金钱不用模。"《花史》中记载，一位诗人某日外出郊游，见旋覆花大开，就以花为题吟诗，不觉入梦，梦中见一女子抛给他许多钱，并笑曰："为君润笔。"诗人醒来，只摸得怀中一把金钱花。自此，人们又称旋覆花为金钱花。民间流传着许多药谚，关于旋覆花的有这样一句："诸花皆升此花沉，行水下气益容颜。"关于这则谚语有一个美丽的传说。相传百花都有妖艳之姿，备受人们的喜爱，地位也都一天天上升。然而只有旋覆花不愿看人的脸色行事，不随众意，悄悄隐于山中，自然地位就一天天下降。后来，在百花封神的时候，花王就让旋覆花发挥它的能力，为人解决病痛。内心决定本质，旋覆花这时就显示出它独特的功能了。其行水、下气、降逆止呕等功能与其他花所具有的轻扬、发散、清热之功能明显不同，在中药药理中较为独特。旋覆花作为一种具有悠久历史和广泛应用的中药材，它的传说和功效给人们带来了很多想象和探究的空间。

# 31. 灵动美好——地胆草

地胆草（*Elephantopus scaber*），菊科地胆草属。

形态：地胆草是菊科直立草本植物。根状茎平卧或斜升，具多数纤维状根；茎2歧分枝，粗壮，被白色粗硬毛。单叶，大都基生，长圆状披针形、匙形或长圆状匙形，长5～18厘米，宽2～4厘米，前端钝圆，基部渐狭；茎生叶少而小。头状花序，多数密集成复头状花序；每个头状花序约有4朵小花，全为两性花，花冠筒状，淡紫色，前端4裂。瘦果，中上部细长，基部宽阔；有棱，被白色柔毛，具长硬刺毛；冠毛1层，灰白色。花期为7～11月，果期为11月至次年2月。

分布：原产美洲、亚洲、非洲各热带地区。在中国分布于浙江、江西、福建、台湾、湖南、广东、广西、贵州及云南等省区。

习性：生长于草甸、灌木丛、荒地、山坡林内及林缘地带，适合在海拔700～1500米的地区生长。

栽培：种子育苗，在3～4月，气温20℃以上时开播，先用0.3%的磷酸二氢钾溶液浸种2小时，沥出拌草木灰，加细沙均匀撒入畦内，可条播、撒播，播后覆盖一层草木灰或腐熟干粪肥屑。上面用草帘或杂草覆盖，保持地面湿润，如干旱须喷水。育苗地生长2年后移栽，按行距25厘米、株距20厘米挖穴栽苗，时间一般为秋后，或早春时节移栽。分根繁殖，在秋后收挖时，选

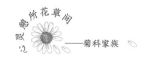

健壮、无病害根茎切成2～3块，连同须根栽种，栽后浇水保湿。扦插繁殖，取生长几年健壮株芽枝条，切成2节，下部削斜，立即浸入生根液中10秒，插入整好的畦内，成活后移栽。

应用：地胆草根系有独特的香味和功效，在中国南方多用作食材，被作为煲汤原料并被广泛使用。地胆草主要以根部入药，味苦、性寒，具有清热、凉血、解毒、利湿的功效，用于治疗感冒、扁桃体炎、结膜炎、黄疸、肾炎水肿、湿疹等。

地胆草根茎直立，具有很多纤维状的植物根茎，看起来十分富有生机和活力。地胆草的枝叶十分修长，呈长而宽的椭圆形，如同兔子的耳朵一般灵动，颜色翠绿而富有光泽，就像一颗颗绿色的宝石，让人爱不释手。地胆草的花朵清新淡雅，是浪漫而忧郁的淡紫色，花朵远远看去就像是一只只灵动的紫色蝴蝶在树丛中翩翩起舞，给人一种浪漫而又美好的感觉。因此，地胆草有非常好的寓意。首先因为其顽强的生命力，它被看作是生命的延续和传承，或是历经磨难但永不言弃的奋斗者和拼搏者，永远充满着无限的生机和活力。除此之外，它还代表着默默无闻的付出。它在田间地头非常常见，总是给人一种不被重视的感觉，但是仍用自己的方式体现着自己的价值和生命力，让我们对它肃然起敬。不得不说，地胆草不仅具有菊科植物高颜值的特点，而且还能将自己的特色发扬光大。

## 32. 粮食之花——菊苣

菊苣（*Cichorium intybus*），菊科菊苣属。

菊苣（寻路路拍摄）　　　　　菊苣（寻路路拍摄）

形态：多年生草本，肉质直根，茎直立，高60～120厘米，分枝开展。基生叶莲座状，倒披针状长椭圆形，羽状深裂；茎生7叶长圆状披针形，边缘有稀疏锯齿。头状花序多数，在茎枝顶端排列成穗状花序，舌状花淡蓝色，顶端锯齿状，有红花与白花品种，花期为5～6月。

分布：广布欧洲、亚洲。我国东北、西北等地区有野生。

习性：喜光，不耐阴，耐低温，耐盐碱，喜土层深厚、疏松湿润、排水良好的土壤，对土壤pH值要求不严。

栽培：四季均可播种，以春秋为宜，可根据需要选择盆播或直播，种子极易萌发。秋季盆播苗经1次分栽培育后，第二年春季栽植于园地光照充足处，当年6月开花。春季盆播苗经1年营养生长后，第二年6月开花。根系发达，种子自播能力强，增

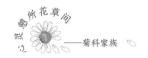

殖速度快。为控制生长，保持景观效果，可在花谢后及时剪去残花，或挖出所有植株，整理后，根据需要再重新栽植。

应用：园林中常群植于花坛中，配置于花境内，或作为林地边缘、生态型园林的绿化材料。菊苣中有菊糖，菊糖水解后产生的果糖经过发酵可以制成酒精，也被称作"绿色石油"，是很好的代用燃料。菊苣的块茎有丰富的淀粉，是一种优良的家畜饲料，可以喂食兔、猪、羊、马等家畜。可以在菊苣的生长季割取地上的茎叶部分作饲料，也可以在秋季把菊苣粉碎后做干饲料。菊苣的块茎香甜可口，块茎中的菊糖含量很高，可以用来制作糖果、糕点等。菊苣可以进行素炒、腌制等，当作蔬菜食用。菊苣中的菊糖可以用来治疗糖尿病；菊苣根茎捣烂之后可以用来外敷，治疗无名肿毒、腮腺炎。

菊苣是最早有文学作品纪录的植物之一。2000多年前，古罗马诗人贺拉斯在一篇记述自己饮食的文中写下"橄榄、菊苣及冬葵是我的粮食"一句。在法国大革命时期，菊苣根经过处理后被作为掺杂物加进咖啡中，这也是今天菊苣根在英、美等国家作为廉价咖啡代用品的起源。将菊苣的根烘焙研磨后能够得到有着类似咖啡香味的粉末，这种"菊苣咖啡"不只在当时是很盛行的饮品，在现在也是某些咖啡因不耐受者的替代品。菊苣叶也是罗马食谱中一种有代表性的食品：以大蒜及红椒炒香，伴以肉类及马铃薯，可以突出菊苣叶的微苦口味及辛香。说菊苣是比利时的国菜，不只因为它是比利时农民培育出来的品种，也因为它的历史和比利时王国的历史几近重合。被作为蔬菜的比利时菊苣出现于1830～1835年，而这段时间正是比利时脱离荷兰统治走向独立的时期。

菊苣最常见的吃法有拌色拉、酿菊苣和奶酪火腿菊苣卷等，它优雅漂亮的叶片也常常被用作摆盘。除味道略苦以外，菊苣富含多种微量元素，且清热祛火，从营养学的角度来说，是一种难得的健康蔬菜。2005年联合国粮食及农业组织指出，中国及美国是菊苣食材及生菜的主要产地。

## 33. 镇痛天使——桂圆菊（金纽扣）

桂圆菊（*Acmella oleracea*），菊科金纽扣属。

形态：低矮草本，在热带地区作多年生栽培，温带地区作一年生栽培，高35～45厘米，叶宽卵形，暗绿色，略带青铜色。头状花序，金黄色，上部有深紫红色圆斑，花期为仲夏至秋季。

分布：原产非洲和南美洲热带地区。世界各地均有栽培。

习性：喜光照充足和温暖湿润的环境，不耐寒，忌干旱，

喜疏松、肥沃、排水良好的土壤。

栽培：春季播种，发芽适温为20～24℃，约10天萌芽，出苗通常整齐。过度阴暗潮湿和低温不利于种子萌发，也可秋季在不加热的温室中播种或枝插繁殖，或在户外苗床中播种，但通常株型较小。栽植地应阳光充足，栽植时间以傍晚为宜。苗期打尖有利于形成更好的株型。高湿环境且土壤排水良好最宜生长。喜肥植物，生长期需补充有机液肥。幼苗期注意蜗牛危害。

应用：花期长，花形独特，可片植在花坛中、布置在花境前，也可作容器植物。


桂圆菊为菊科金纽扣属植物，据记载该属大约有60种植物，常作观赏栽培的有食用桂圆菊和小点桂圆菊。桂圆菊原产巴西、非洲热带地区，可作为多年生植物栽培，且种子具有自播能力。在北亚热带和暖温带地区只能作为一年生植物栽培。桂圆菊的头状花序单生在一个长长的花梗上，锥体形，宛若桂圆，舌状花黄色或白色，盘状花黄色，锥体正中红褐色，形似纽扣。小点桂圆菊分枝多，叶子绿色，花头亦繁；而食用桂圆菊的分枝少，叶子棕绿色，花头数量一般。在不同的国家，有的把桂圆菊作为观赏植物，有的把桂圆菊作为药用植物。桂圆菊的英文名字是"toothache plant"，和瑞典语名字

"tandvärksplanta"一样，均得名于它含有的烷基镇痛剂。它的叶子和花头有着特殊的香辛味，用舌触之，有麻麻的感觉，这是由于它含有用于镇痛的千日菊素，可用来治疗牙痛。还有人把它作为一种催涎剂，因为它可以刺激口水产生，可用于清洗口腔，增强免疫系统。桂圆菊也可以改善消化功能，消除肠胃胀气，提高食欲。该属国内有两种，一种是金纽扣，一种是美形金纽扣，产自云南等地，均可做药用。

桂圆菊是一种常见的中药材，也是一种常见的食材，历史悠久。相传在唐朝时期，有一位名叫崔护的文人，在一次旅行途中路过了一个废弃的花园，看到花园里有一棵枯萎的桂树，觉得很惋惜，于是他在旁边种了一些菊花，以慰藉这棵枯萎的桂树，后来这些菊花在桂树的庇荫下长得很茂盛，而且每年都在中秋时节开放，成了一道美丽的风景线，因此这些菊花被称为"桂圆菊"。

据传桂圆菊的萃取物具有一种神奇的作用，可以让人拥有与圆月同样美丽的面容，因此，古代一些妇女常常将桂圆菊加入面膜或洗发水中使用，以增加自己的魅力。在传统的中医理论中，桂圆菊被视为一种滋补养颜的良药，可以改善贫血、头晕、面色苍白等症状，同时还可以养肝明目、提高免疫力，因此，在很多养生保健的书籍和食谱中都有桂圆菊的介绍和使用方法。

总的来说，桂圆菊作为一种传统的中药材和食材，其故事和传说充满了浓厚的文化氛围，也为它的应用和推广增添了不少神秘色彩。

## 34. 药草精灵——佩兰

佩兰（*Eupatorium fortunei*），菊科泽兰属。

佩兰（寻路路拍摄）

形态：多年生草本，高70～100厘米。根茎横走，淡红褐色。单叶对生，常3全裂，裂片卵状披针形或长椭圆形，边缘有锯齿。头状花序在茎枝顶端排列成复伞房花序，总苞片红紫色，花白色或淡紫色，花期为9～10月。

分布：原产东亚。栽培广泛，广泛分布在我国中部及南部各省区。

习性：喜光亦耐阴，耐寒，抗干旱，对生境要求不严，不择土壤。

栽培：种子干藏，3月育苗，发芽率高，出苗整齐，夏初定植。萌蘖性强，扩繁常采用分株方法；也可进行根插，选择白色、壮实、有芽眼的根茎，剪成10厘米段，分栽。花前施薄肥，以磷、钾肥为主，可促花枝繁茂，防止倒伏。

应用：生性强健，管理粗放。可缀植于花境，片植于路旁、林缘，尤其适宜在自然式园林中不规则种植。

佩兰味辛性平，归脾、胃、肺经，主要功效是解暑化湿、辟秽和中，可以治疗暑湿、寒热头痛、湿润内蕴、脘痞不饥、恶心呕吐、口中甜腻、消渴等。对于佩兰的功效，《本草纲目》中有论述："兰草、泽兰气香而温，味辛而散，阴中之阳，足太阴、厥阴经药也。脾喜芳香，肝宜辛散，脾气舒，则三焦通利而正气和；肝郁散，则营卫流行而病邪解。兰草走气道，故能利水道，除痰癖，杀蛊辟恶，而为消渴良药。"这里所说的兰草，就是佩兰。

藿香和佩兰经常在一起使用，细分起来，藿香的解表作用更好，佩兰的行气作用更强。两者合用，祛除中焦湿气，振奋脾胃的作用是非常好的。藿香、佩兰这两味药中含有很多挥发成分，一般情况下把鲜藿香和鲜佩兰晒干后入药，现在也有

用鲜藿香和鲜佩兰入药的，在开方子的时候写明"鲜藿香"和
"鲜佩兰"即可，因为这种带有挥发性物质的药材鲜药的效果
好一些，所以夏天会常常用到。

## 35. 勤劳仙草——蓝刺头

蓝刺头（*Echinops sphaerocephalus*），菊科蓝刺头属。

蓝刺头（李仁娜拍摄）　　　　　蓝刺头（李仁娜拍摄）

形态：多年生草本，茎直立，高50~150厘米，有分枝，
全株有毛。叶革质，下部叶宽披针形，羽状中裂，侧裂片3~5
对，边缘有齿状刺，叶面绿色，叶背灰白色。复头状花序单生
茎枝顶端，小花淡蓝色，花期为6~7月。

分布：原产欧洲与亚洲西部。我国新疆天山地区有分布。

习性：喜光，不耐阴，耐低温，抗干旱与贫瘠，喜适度潮
湿、排水良好的土壤。

栽培：春播、秋播均可，通常该属植物播种易发芽，播种苗第二年少量开花。栽培地应光照充足，正常情况花前追肥，花期时及时剪去残花可延长花期。直根系，不耐移植，如确需移植可加大土球直径。秋末剪掉枯萎的茎叶，停止浇水。

应用：株型紧凑，茎叶挺直，花序如雕刻样球体挂在茎端，格外引人注目，常在花坛中丛植，或沿小径带植，也可三两株配置在花境中，花序可作切花或干燥花。

蓝刺头是菊科植物中的一种，其花朵颜色呈现出蓝色或紫色，而且花形似菊，因此也被称为"蓝菊花"。蓝刺头在中国民间有着多种传说和故事，其中最有名的故事是"蓝刺头得道成仙"。相传在很久很久以前，蓝刺头是一种非常普通的野草，它常常在路旁、田野和山坡上生长，人们对它没有任何重视和关注。但是在一个寒冷的晚上，蓝刺头看到路旁一位老人家冻得瑟瑟发抖，它感到非常同情，于是就自愿将自己的花瓣献给老人家，让他取暖。老人家感动不已，为了感谢蓝刺头的救命之恩，用手中的拐杖指着蓝刺头说："你有情有义，让人类感动，我决定将你封为神仙，让你得道成仙。"从此以后，蓝刺头不再生长在路旁和田野，而是飞升到天宫，成了一位仙女。据说，每当人们面临疾病和灾难的时候，蓝刺头仙女就会从天上降临，用自己的花瓣为人们驱病祛灾，保佑人们平安幸

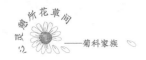

福。在一些地方，人们会把蓝刺头和勤劳、坚韧的品质联系在一起，认为蓝刺头的花瓣虽然细小，但是可以经受住时间和风雨的侵蚀。因此，蓝刺头被赋予了不屈不挠的精神，成了一种重要的精神标志。还有一些地方的人们把蓝刺头与爱情联系在一起，认为蓝刺头的花瓣细小而坚韧，寓意爱情需要耐心和坚持，只有经得起时间的考验，才能真正地开花结果。

## 36. 随太阳回绕的花——向日葵

向日葵（*Helianthus annuus*），菊科向日葵属。

向日葵（寻路路拍摄）　　　　　　向日葵（寻路路拍摄）

形态：一年生草本植物。高1~3.5米。茎直立，圆形多棱角，质硬，被白色粗硬毛。卵圆形的叶片通常互生，先端锐突或渐尖，有基出3脉，边缘具粗锯齿，两面粗糙，被毛，有长柄。头状花序，直径10~30厘米，单生于茎顶或枝端。总苞片多层，叶质，覆瓦状排列，被长硬毛，夏季开花，花序边缘生中性的黄色舌状花，不结实。花序中部为两性管状花，棕色或紫色，能结实。矩卵形瘦果，果皮木质化，灰色或黑色，称葵花籽。

分布：北美洲南部、西部及秘鲁和墨西哥北部地区。驯化种由西班牙人于1510年从北美带到欧洲，最初为观赏用。19世纪末，又被从俄国引回北美洲。中国各地均有栽培。

习性：喜温又耐寒，耐盐，耐旱，耐涝。向日葵在整个生育过程中，只要温度不低于10℃，就能正常生长。在适宜温度范围内，温度越高，发育越快。

栽培：向日葵栽培应选择土地平整、肥力中等、灌排方便、土壤黏性相对较小的地块。不宜重茬。以种子方式繁衍后代，播种时以泥炭土为宜。根据品种生育期进行春播或夏播，生育中期日照充足，能促进茎叶生长旺盛。向日葵对土壤要求较低，在各类土壤上均能生长。中耕除草施肥。

应用：向日葵的种子含油量极高，味香可口，可炒食，亦可榨油，为重要的油料作物。向日葵一身是药，其种子、花盘、茎叶、茎髓、根、花等均可入药：种子油可作软膏的基础药；茎髓可作利尿消炎剂；叶与花瓣可作苦味健胃剂；果盘（花托）有降血压作用。向日葵修复土壤的功能几乎贯穿它的整个生长过程。向日葵扎根土壤，利用其根系吸收养分的同时，也是一个对有害污染物进行提取、降解、过滤、固定或

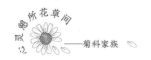

者挥发的过程。除了对金属污染物有较强的抵御能力，根部的富集作用是向日葵能够吸收有害污染物的主要原因。硕大的花盘、金黄的花瓣下，深入土壤的根部能将污染物吸收到向日葵的枝干内部，将重金属储存在其内部，实现了重金属物质"由下到上"的转移，降低了土壤中重金属的含量。

向日葵，因花序随太阳转动而得名。向日葵具有向光性，人们称它为太阳花，即随太阳回绕的花。在古代的印加帝国，向日葵是太阳神的象征。

向日葵是菊科植物中的一种，它在许多文化中都有着深刻的意义和传说。传说有一位美丽的女孩叫克洛伊，她深深地爱上了一位名叫阿波罗的太阳神。为了让自己更加美丽，她每天都在太阳下跳舞。但是，阿波罗却不爱她，克洛伊因此非常伤心。后来，众神怜悯她，把她变成一朵金黄色的向日葵。她的脸儿变成了花盘，永远向着太阳，每日追随着阿波罗，向他诉说她永远不变的恋情和爱慕。因此，向日葵的花语是沉默的爱。

俄罗斯人民热爱向日葵，并将它定为国花。"更无柳絮因风起，惟有葵花向日倾。"向日葵，是向往光明之花，给人们带来美好希望之花。

# 37.草药圣品——蜂斗菜

蜂斗菜（*Petasites japonicus*），菊科蜂斗菜属。

蜂斗菜（卜洁拍摄）

蜂斗菜（卜洁拍摄）

形态：多年生草本，根状茎横卧。茎生叶圆形或肾状圆形，长与宽可达70～80厘米，叶柄圆柱状，多肉中空，叶缘有细齿，基部深心形。雌雄异株，头状花序多数，在上端密集成伞房状，全部小花管状，花冠黄白色，花期为4～5月。

分布：主产东亚。我国北部、中部与南部均有分布和栽培。

习性：喜阴湿环境，耐寒性强，生长适温为17～24℃，适宜疏松肥沃的微酸性土壤。

栽培：播种或根插繁殖。种子可随采随播，储藏种子需浸泡5～6小时后播种，约1周出苗。休眠期挖出地下茎，截取10厘米长的小段，每段有2～3个茎节，埋入苗床内，浇足水，约10～12天发芽。叶蒸腾量大，特别是气温升高时，应及时补

充水分，保持土壤湿润。

应用：耐阴类观叶植物，株丛丰满，叶片宽阔，多在林下丛状或带状布置，或点缀在岩石旁。


蜂斗菜是一种菊科植物，又叫蛇舌草、龟背竹、龟背草等。蜂斗菜有着浓烈的草药气息和苦味，因此常被人们用来入药。在中国传统医学中，蜂斗菜被视为一种草药圣品，具有清热解毒、消炎利尿等功效。它的鲜叶柄中含有蛋白质、脂肪、碳水化合物、维生素、钙、磷、镁等成分，此外，还含有蜂斗菜素、百里香酚甲醚、山柰酚、咖啡酸等成分。现代药理研究表明，蜂斗菜素有解痉的作用。百里香酚甲醚具有较强的杀菌作用，且毒性低，对口腔、咽喉的消毒杀菌效果好，还能促进气管纤毛的运动，有利于气管黏液的分泌，起祛痰作用，可用于治疗气管炎、百日咳等。山柰酚对金黄色葡萄球菌、绿脓杆菌、痢疾杆菌均有抑制作用，此外，还可用于糖尿病性白内障的治疗。咖啡酸则具有广泛的抑菌作用、抗病毒活性，对牛痘和腺病毒的作用较强，还有抗蛇毒作用，可用于治疗毒蛇咬伤等症。蜂斗菜性凉、味苦、辛，具有解毒祛淤、消肿止痛等功效，适用于扁桃体炎、痈肿疔毒、毒蛇咬伤、跌打损伤等病症。

蜂斗菜在我国传统文化中有着很高的地位。其中最有名的故事是"蜂斗菜拯救鱼王"。相传很久很久以前，有一只鱼王生病了，无论是水草还是草药都无法治愈它的病症。鱼王非常苦恼，因为它知道，如果自己死去，整个鱼族就会遭受灭顶之灾。就在鱼王绝望之际，蜂斗菜闻讯而来。它自告奋勇，说能用自己的根须治愈鱼王的病症。虽然鱼王不太相信，但还是同意了蜂斗菜的帮助。最终蜂斗菜用自己的根须汁液治愈了鱼王，鱼王痊愈，鱼族也因此得救。从此以后，蜂斗菜就成了鱼族的守护神，每当鱼族遇到困难和危险的时候，蜂斗菜就会出现，帮助鱼族解决问题。与此同时，人们也开始将蜂斗菜视为一种吉祥的草药，常常用它来祈求健康、平安和幸福。除了这个传说，蜂斗菜在中国的传统医学和文化中还有很多其他的应用和含义。人们常常用蜂斗菜泡茶、炖汤、煮粥等，以达到清热解毒、补气养血的功效。在一些地方，人们还将蜂斗菜作为一种文化符号，用来象征坚强、勇敢和智慧。

# 第三章　诗词里的"菊"文化

中国是花的国度，牡丹国色天香，荷出淤泥而不染，兰幽谷吐芳，梅高寒绽蕊，菊凌霜傲放；中国也是诗的国度，诗歌发展源远流长，形式异彩纷呈。在我国漫长的几千年历史长河中，中华民族通过自己的智慧和勤劳创造出了独具中国色彩的优秀传统文化。时至今日，中华优秀传统文化仍然是当今社会的重要组成部分。历朝历代文人墨客的爱花佳话不胜枚举，他们以此来表达自己内心或喜或愁、或悲或哀的感情。

菊花在中国古典诗歌中的体现，最早可以追溯到战国时期屈原的名作《离骚》中，即"朝饮木兰之坠露兮，夕餐秋菊之落英"。虽然此诗中的菊花只是点缀物，不算真正的咏菊诗，但却成为后世咏菊诗词的滥觞。这反映了屈原不同朝中奸臣同流合污的高风亮节，是屈原对自我心志纯洁高远的肯定，而非单纯表象里唯美的生活形式。木兰之坠露、秋菊之落英，都是天地交合多态变化中凝结的精华。从此，菊花成为历代文人雅士咏颂的对象，也不断被赋予新的内涵。

秋天万木萧疏，群芳零落，而菊花却凌霜傲放、芳香四

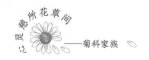

溢。由此，牵动了古往今来多少文人墨客的情思，有人欣赏它清高的气质，有人崇尚其隐逸的情怀，有人借它抒发淡淡的闲愁，于是一首首借菊传情的诗歌，赋予了菊花不同的文化内涵和风骨。每一首诗都有自己的"DNA"，只要我们发现它的"DNA"，就能体会作者的情感表达，与他们一同沉湎于菊花情结，或共鸣、或感叹、或陶醉、或钦羡。古诗词的"DNA"信息就藏在古诗词的意象和典故中。让我们一起穿越古今，赏菊韵，悟人生！

# 1. 饮酒 · 其五

〔魏晋〕陶渊明

结庐在人境，而无车马喧。

问君何能尔？心远地自偏。

采菊东篱下，悠然见南山。

山气日夕佳，飞鸟相与还。

此中有真意，欲辨已忘言。

【诗文释义】这首诗描写了诗人恬淡、闲适的田园生活，表达了诗人高洁的品性。在晚霞的辉映之下，在山岚的笼罩中，采菊东篱，遥望南山，此时情味，何其深永！在闲适与宁静中偶然抬起头见到南山，人与自然的和谐交融，达到了王国维所说的"不知何者为我，何者为物"的无我之境，这种自然、平和、超逸的境界，犹如千年陈酿，让人品味出无限韵味。人们从中获得的文化快感涌动于心底千余年，这是中国文人生存意义上的美学观，是一种生存哲学。诗人以隐逸者的姿态赋予菊独特、超凡脱俗的隐者风范，并以菊花的品格和气质自励，使菊从此成为怀才不遇的士子、遭馋受贬的谪客、崇尚隐逸的文人等寄情世外而高标独步的象征，菊花从此便有了隐士的灵性。


【作者简介】陶渊明（约365—427），名潜，字元亮，私谥"靖节"，世称靖节先生，号五柳先生，浔阳柴桑（今江西九江）人。东晋末至南朝宋初期伟大的诗人、辞赋家、散文家，被誉为"隐逸诗人之宗""田园诗派之鼻祖"。

## 2.菊花

〔唐〕元稹

秋丛绕舍似陶家，遍绕篱边日渐斜。

不是花中偏爱菊，此花开尽更无花。

——菊科家族

【诗文释义】诗人的房舍被秋天的菊花一丛丛环绕着，看起来就像陶渊明的家一样。菊花安静地倚在篱笆旁边，沐浴在落日金黄的余晖中。诗人说自己为菊花写诗，并非是因为偏爱菊花，而是因为菊花是最晚开放的花，落了之后就再无花可赏了。"不是花中偏爱菊，此花开尽更无花"，点明了诗人写菊的原因。菊花是百花之中最后凋谢的，它历经风霜而坚贞不屈，菊的这种神韵正和诗人历经贬谪而心志弥坚的风骨一致。诗人从菊花在四季中凋谢得最晚这一自然现象，引出了深微的道理，表达了诗人特殊的爱菊之情。其中，当然也含有对菊花历尽风霜而后凋的坚贞品格的赞美，这也体现了诗人对生命的热爱。因为它很快要消亡，所以才倍加偏爱。菊花残谢后一般不会像桃花一样落英缤纷，而是花瓣一片片凋落，这也体现了诗人坚贞、高洁的品格。

【作者简介】元稹（779—831），字微之，别字威明，河南洛阳人，唐朝大臣、诗人、文学家。北魏宗室鲜卑拓跋部后裔。元稹与白居易同科及第，结为终生诗友，共同倡导新乐府运动，世称"元白"，形成了"元和体"。

# 3. 过故人庄

〔唐〕孟浩然


故人具鸡黍，邀我至田家。

绿树村边合，青山郭外斜。

开轩面场圃，把酒话桑麻。

待到重阳日，还来就菊花。

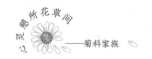

【诗文释义】老朋友准备了丰盛的饭菜，邀请我到他的田舍做客。翠绿的树林围绕着村落，一脉青山在城郭外隐隐横斜。推开窗户面对谷场菜园，共饮美酒，闲谈农务。等到九九重阳节到来时，我还要来这里观赏菊花。这是一首田园诗，描写了农家恬静闲适的生活情景，也写出了老朋友之间的情谊。通过写田园生活的风光，表达了诗人对这种生活的向往。全文十分押韵，诗由"邀"到"至"到"望"又到"约"，自然流畅，语言朴实无华，意境清新隽永。诗人以亲切的语言，如话家常的形式，写出了从拜访到告别的过程。全诗描绘了美丽的山村风光和平静的田园生活，用语平淡无奇，叙事自然流畅，没有渲染和雕琢的痕迹，然而感情真挚，诗意醇厚，有"清水出芙蓉，天然去雕饰"的美学情趣，从而成为自唐代以来田园诗中的佳作。

【作者简介】孟浩然（689—740），字浩然，号孟山人，襄州襄阳（今湖北襄阳）人，唐代著名山水田园派诗人，世称"孟襄阳"。孟浩然与王维合称为"王孟"。因他未曾入仕，又被称为"孟山人"。

# 4. 咏菊

〔唐〕白居易


一夜新霜著瓦轻，芭蕉新折败荷倾。

耐寒唯有东篱菊，金粟初开晓更清。

——菊科家族

【诗文释义】初降的霜轻轻地附着在瓦上，芭蕉和荷花无
法耐住严寒，或折断，或歪斜。唯有那东边篱笆附近的菊花，
在寒冷中傲然而立，金粟般初开的花蕊让清晨更多了一丝清
香。夜里寒霜袭来，本来就残破的芭蕉和和残荷看起来更加不
堪，只有篱笆边的菊花，金黄色的花朵在清晨的阳光下看起来
更加艳丽。诗人用霜降之时芭蕉和荷叶的残败来反衬东篱菊的
清绝耐寒，赞赏菊花凌寒的品格。


【作者简介】白居易（772—846），字乐天，号香山居士，
又号醉吟先生，祖籍太原，下邽（今陕西渭南）人，唐代伟大
的现实主义诗人。白居易与元稹共同倡导新乐府运动，世称
"元白"，与刘禹锡并称"刘白"。

# 5. 菊花

〔唐〕李商隐

暗暗淡淡紫，融融冶冶黄。

陶令篱边色，罗含宅里香。

几时禁重露，实是怯残阳。

愿泛金鹦鹉，升君白玉堂。

【诗文释义】暗暗淡淡的紫色，温润娇艳的黄色。菊花曾在隐士陶渊明东篱的边上展现姿色，在罗含的庭院里吐露芬芳。菊花能够承受寒凉的秋露，可是却害怕夕阳的来临。我愿浸在金鹦鹉杯中，为身居白玉堂中的明君所用。这首诗托物言志，以菊花自况。首联描摹菊花色调淡雅，丰韵翩翩。颔联用陶令、罗含典故烘托菊花品格。颈联用"禁重露""怯残阳"写菊花深忧迟暮，暗含诗人抱负不能施展，虚度年华之意。尾联言志，暗含诗人希望被朝廷赏识之意。这诗虽是咏菊，亦句句自况，物我交融，写得清绮秀逸，意思醒豁。

【作者简介】李商隐（约813—约858），晚唐著名诗人，字义山，号玉谿生，又号樊南生，原籍怀州河内（今河南沁阳），祖辈迁荥阳（今河南荥阳），与杜牧合称"小李杜"。

# 6.九日齐山登高

## 〔唐〕杜牧

江涵秋影雁初飞，与客携壶上翠微。

尘世难逢开口笑，菊花须插满头归。

但将酩酊酬佳节，不用登临恨落晖。

古往今来只如此，牛山何必独沾衣。

【诗文释义】江水倒映秋影，大雁刚刚南飞，与朋友带上美酒一起登高望远。尘世烦扰，平生难逢让人开口一笑的事，满山盛开的菊花我定要插满头才归。只应纵情痛饮酬答重阳佳节，不必怀忧登临叹恨落日余晖。人生短暂，古往今来皆是如此，不必像齐景公那般对着牛山独自流泪。此诗通过记叙重阳登山远眺一事，表达了诗人人生多忧、生死无常的悲哀。诗人以看破一切的旷达乃至颓废，表现了封建知识分子壮志难酬的愤慨与无奈。

【作者简介】杜牧（803—853），字牧之，号樊川居士，京兆万年（今陕西西安）人，唐代杰出诗人、散文家，宰相杜佑之孙，大和进士，授弘文馆校书郎。杜牧多年在外地任幕僚，后历任监察御史，黄州、池州、睦州刺史等职，后入为司勋员外郎，官至中书舍人。

# 7. 折菊

〔唐〕杜牧

篱东菊径深，折得自孤吟。

雨中衣半湿，拥鼻自知心。

【诗文释义】折菊诗是杜牧的又一首赏花诗。不同的是，这首诗不是对菊花的具体描写和赞美，而是诗人对摘菊动作的感叹。折菊即是摘菊，诗人触景生情，有感而发，通过摘菊表达了自己的心境和志向。东篱下的小路两旁开满了菊花，遮住了小路。不难看出诗人描写的菊花开得十分茂盛，惹人喜爱，这为后面摘菊作了铺垫。接着诗人写摘得菊花，拈在手中，独自一人吟诵陶渊明的诗句。触景生情，顺其自然，表现了诗人的洁身自好和孤寂，他不甘于在世俗中鱼目混珠。诗人触景生情，以致衣服被雨淋得半湿也浑然不觉，不肯归去，可见此时对菊花眷恋的心情。最后用典点题："拥鼻自知心"。手持菊花掩鼻以嗅，人与花心心相通。"拥鼻"这个典故出自《晋书·谢安传》："安本能为洛下书生咏，有鼻疾，故其音浊。名流爱其咏而弗能及，或手掩鼻以效之。"诗人爱菊为什么会达到如痴如醉的程度？那是因为诗人与菊花的品格有共同之处，自然心心相通了！诗人自己一生也是十分坎坷的。他是唐朝宰相杜佑之孙，二十六岁中进士，因秉性刚直，被人排挤，在江西、宣歙、淮南诸使幕作了十年幕僚，往来于薄书宴游间，生活很不得意。三十六岁内迁为京官，后受宰相李德裕排挤，出为黄州、沧州等地刺史。李德裕失势，内调为司勋员外郎。联系诗人的一生，可以想象他一定和陶渊明有共同语言了！

# 8. 九日五首·其一

〔唐〕杜甫

重阳独酌杯中酒，抱病起登江上台。

竹叶于人既无分，菊花从此不须开。

殊方日落玄猿哭，旧国霜前白雁来。

弟妹萧条各何在，干戈衰谢两相催。

【诗文释义】一年一度的重阳佳节到来，客居夔州的我，抱病登台，独酌杯中酒，欣赏江边的秋景。我因年迈多病，已与竹叶青酒无缘分了。菊花啊，从此你们再也不必绽放了，纵然绽放，我也无心观赏你们。在这遥远的异地，日落时分，一声声黑猿的哀啼传来，令人悲伤不已。那些来自故园的白雁在异乡的霜天低回盘旋，更触发我心中的思亲怀乡之情。在这烽火岁月，我可怜的弟妹啊，飘零寥落，音信全无，不知下落。无情的战争、流逝的岁月，它们不停地催我衰老。重阳节到来，诗人一时兴致勃发，抱病登台，独酌杯酒，欣赏九秋佳色，流露出伤时忧国的思想感情。

【作者简介】杜甫（712—770），字子美，自号少陵野老。汉族，祖籍襄阳，河南巩县（今河南巩义）人。唐代伟大的现实主义诗人，与李白合称"李杜"。为了与另两位诗人李商隐、杜牧区别，杜甫与李白又合称"大李杜"，杜甫也常被称为"老杜"。

# 9. 题菊花

〔唐〕黄巢

飒飒西风满院栽，蕊寒香冷蝶难来。

他年我若为青帝，报与桃花一处开。

——菊科家族

【诗文释义】诗人栽种在院里的菊花开放在寒凉的西风中，因为"蕊寒香冷"的特点而没有美丽的蝴蝶前来翩翩飞绕。诗人太爱菊花了，甚至要为它不能和桃花一样招蜂引蝶而打抱不平，他幻想自己有朝一日成为主管春天的神仙，一定要让菊花和桃花一同在春天开放，这样浪漫豪放的想象，充满了孩子气般的可爱。这是黄巢在起义前写的一首托物言志的咏物诗，表达了农民起义领袖改天换地的雄心壮志。此诗咏菊，不同于大多文人笔下菊花孤高绝俗的传统，而是赋予菊花以顶风傲寒、战天斗地的精神。百花在春天大鸣大放，只有菊花高昂头颅，冷艳逼人，表现出坚如磐石、硬如钢铁的不屈精神，实际上是在隐喻农民起义军意志的坚定，作风的顽强和勇于挑战权贵、敢作敢为的精神。诗人在这首诗里表现出了不屈从命运的摆布，自我主宰的豪情，也可看出他对推翻旧政权的一往无前，抗争到底，乃至知其不可而为之的战斗精神。

【作者简介】黄巢（？—884），曹州冤句（今山东菏泽）人。唐朝末年农民起义领袖，大齐政权开国皇帝。

# 10. 不第后赋菊

〔唐〕黄巢

待到秋来九月八，我花开后百花杀。

冲天香阵透长安，满城尽带黄金甲。

【诗文释义】等到秋天九月重阳节来临的时候，菊花盛开，其他的花凋零。盛开的菊花香气弥漫整个长安，遍地都是金黄色的如铠甲般的菊花。这首诗以菊喻志，借物抒怀，通过刻画菊花的形象、歌颂菊花的威武精神，表现了诗人等待时机改天换地的英雄气魄。当农民起义的"重阳佳节"到来之日，那些封建统治阶级威风扫地，不正如同那些"百花"一样凋零了吗？当浩浩荡荡的义军挺进长安，那身着戎装的义军战士，不正像这满城菊花一样，金灿灿辉光耀目、威凛凛豪气冲天吗？这首诗是封建社会农民起义英雄的颂歌，诗虽然只有短短四句，但既写了菊花的精神，也写了菊花的外形，形神兼备；既写了菊花的香气冲天，又写了菊花的金甲满城，色味俱全，形象十分鲜明。全诗语言朴素，气魄宏伟，充满了使人振奋的力量。

## 11. 华下对菊

〔唐〕司空图

清香裹露对高斋，泛酒偏能浣旅怀。

不似春风逞红艳，镜前空坠玉人钗。

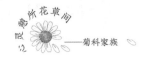

【诗文释义】高雅的书房里有花香和露水的气息，采撷菊花来泡酒，让人把一路的旅途劳顿和伤感洗濯净尽。此时，诗人对菊花有了更深一层的感触：它不像春天的花朵那样在春风中争奇斗妍、尽显俗态，去讨好那些脂粉女子，而是甘守寂寞，开放在清冷的秋天，在冷寂的书斋中与文人雅士为伴，这是多么难能可贵的品质啊！

【作者简介】司空图（837—908），晚唐诗人、诗论家。字表圣，自号知非子，又号耐辱居士。祖籍临淮（今安徽泗县东南），自幼随家迁居河中虞乡（今山西永济）。司空图是唐代创作咏菊数量最多、成就最为显著的诗人之一。

## 12. 长相思·一重山

〔南唐〕李煜

一重山，两重山。山远天高烟水寒，相思枫叶丹。
菊花开，菊花残。塞雁高飞人未还，一帘风月闲。

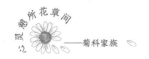

【诗文释义】重重叠叠的山啊，一重又一重。山是那么远，天是那么高，烟云水汽又冷又寒，可我的思念像枫叶那样如火焰般炽热。菊花开了又落，塞北的大雁在高空振翅南飞，可我思念的人却还没有回来。悠悠明月照在帘子上，随风飘飘然。这首词以景状情，抒发了一位思妇对离人的无限思愁。在词人笔下，远山、烟水、枫叶、菊花、塞雁，共同构建了一个清冷的深秋。在这样的深秋中，相思之情越发显得寂寞幽怨。

【作者简介】李煜（937—978），初名从嘉，字重光，号钟隐，世称南唐后主，是南唐中主李璟第六子，宋太祖建隆二年（961）嗣位。开宝八年（975），南唐为宋所灭，李煜被押往汴京（今河南开封），封违命侯，太平兴国三年（978）在汴京去世。李煜虽不精于政治，但其艺术才华非凡。他精书法、善绘画、通音律，诗文均有一定造诣，尤以词的成就最高，著有《虞美人·春花秋月何时了》《相见欢·无言独上西楼》等作品，被誉为"千古词帝"。

## 13. 菊

〔唐〕郑谷

王孙莫把比蓬蒿，九日枝枝近鬓毛。
露湿秋香满池岸，由来不羡瓦松高。

【诗文释义】蓬蒿是一种野生草，个头较高，从外形看与菊苗没有太大的差别，因此养尊处优的公子王孙们很容易把菊苗当作蓬蒿。每年农历九月九日的重阳节是中国古代重要的节日，民间有登高、赏菊、饮酒、佩茱萸囊、把菊花插戴于鬓的习俗。秋天早晨，太阳初升，丛丛秀菊饱含露水，湿润晶莹，明艳可爱；缕缕幽香，飘满池岸，令人心旷神怡。瓦松是一种寄生在高大建筑物瓦檐处的植物，诗人将池岸边的菊花与高屋上的瓦松作对比，说明菊花虽生长在沼泽低洼之地，却高洁、清幽，毫不吝惜地把它的芳香献给人们；而瓦松虽踞高位，实际上"在人无用，在物无成"，表现了诗人不求高位、不慕名利的思想品质。

【作者简介】郑谷（约851—约910），字守愚，袁州宜春（今江西宜春）人，唐朝末期著名诗人。唐僖宗时进士，官至都官郎中，人称"郑都官"。又因诗作《鹧鸪》声名远播，人称"郑鹧鸪"。其诗多写景咏物，表现士大夫的闲情逸致，风格清新通俗，但流于浅率。曾与许棠、张乔等唱和往还，号"咸通十哲"。

## 14. 野菊

〔唐〕王建

晚艳出荒篱，冷香著秋水。

忆向山中见，伴蛩石壁里。

【诗文释义】荒芜的篱笆边，盛开着丛丛野菊，冷冷的清香幽幽地笼罩着秋水。诗人猛然回想起在山中也曾见过野菊，它是那样茂盛地簇生在石缝里，与它为伴的只有低唱的秋虫。

【作者简介】王建（约767—约830），字仲初，颍川（今河南许昌）人，唐朝诗人。王建出身寒微，擅长乐府诗，他以田家、蚕妇、织女、水夫等为题材的诗篇，对当时政治的腐朽和人民生活的痛苦作了不同程度的反映。

## 15. 庭前菊

〔唐〕韦庄

为忆长安烂熳开，我今移尔满庭栽。
红兰莫笑青青色，曾向龙山泛酒来。

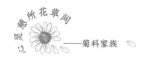

【诗文释义】为了忆念长安烂漫盛开的菊花，我今天把你们移来栽满庭院。红兰不要笑菊花青青的颜色，它曾经让众多宾客泛酒龙山、驻足观赏。

【作者简介】韦庄（约836—约910），字端己，京兆杜陵（今陕西西安）人。晚唐诗人、词人，五代时前蜀宰相。唐睿宗时文昌右相韦待价七世孙，苏州刺史韦应物四世孙。与温庭筠同为花间派代表词人，并称"温韦"。所著长诗《秦妇吟》与《孔雀东南飞》《木兰诗》并称"乐府三绝"。

## 16. 赋得残菊

〔唐〕李世民

阶兰凝曙霜，岸菊照晨光。

露浓晞晚笑，风劲浅残香。

细叶凋轻翠，圆花飞碎黄。

还持今岁色，复结后年芳。

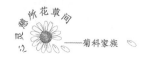
——菊科家族

【诗文释义】阶庭前的玉兰树上凝结着晚秋清晨的白霜，河岸上菊花的艳色映照着微微晨光，原本浓重的露水已被慢慢蒸干，强劲的西风吹淡了菊花的幽香。残菊的叶子凋零，花瓣飘散，缤纷的花瓣在风中如碎片般飞舞。但暮秋的残菊仍风姿犹在，不减余香，等到来年秋天，一定会更加艳丽、更加芳香。

【作者简介】李世民（599—649），唐朝的第二位皇帝唐太宗，祖籍陇西成纪（今甘肃秦安），唐高祖皇帝李渊次子。少年征战四方，灭隋取天下，功勋卓著。武德元年（618），为尚书令，封秦王。武德九年（626），发动玄武门兵变，立为太子，继帝位。在位二十三年，文治武功，帝业空前，开创了著名的"贞观之治"，被各族人民尊称为"天可汗"，为后来唐朝全盛时期的"开元盛世"奠定了重要基础，为后世明君之典范。庙号太宗，谥号文武大圣大广孝皇帝，葬于昭陵。

## 17. 长安晚秋

〔唐〕赵嘏

云物凄凉拂曙流，汉家宫阙动高秋。

残星几点雁横塞，长笛一声人倚楼。

紫艳半开篱菊静，红衣落尽渚莲愁。

鲈鱼正美不归去，空戴南冠学楚囚。

【诗文释义】秋天拂晓时，天上的云雾形态多变，带着曙光将出的寒意，唐朝皇室宫殿高高耸立，好像连接着深秋的苍穹。晨星几点，群雁飞越关塞，有人倚楼吹着长笛，曲调悠扬婉转。篱边半开的菊花静悄悄地吐着幽香，水面的莲花凋零，红衣尽卸使人忧愁。家乡的鲈鱼正美，但我不能回乡，却要像钟仪那样戴着楚冠，像楚囚一样羁留他乡。

【作者简介】赵嘏（约806—约853），字承佑，楚州山阳（今江苏淮安）人，唐代诗人。年轻时四处游历，大和七年（833）预省试进士下第，留寓长安多年。会昌进士，官渭南尉。赵嘏诗风清圆流畅，格律工稳，所作"残星几点雁横塞，长笛一声人倚楼"为杜牧激赏，人称"赵倚楼"。

## 18.鹧鸪天·寻菊花无有，戏作

〔宋〕辛弃疾

掩鼻人间臭腐场，古来惟有酒偏香。自从来住云烟畔，直到而今歌舞忙。

呼老伴，共秋光。黄花何处避重阳？要知烂熳开时节，直待西风一夜霜。

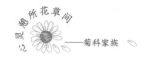
【诗文释义】在重阳节那天，人们，特别是文人，是少不了要赏菊的。诗人厌倦了散发着腐臭气息的名利场，想要快活地陶醉在酒香歌舞之中，于是在重阳节这天，叫上几个老朋友，趁着大好的秋光去赏菊。可惜诗人这次的运气不太好，菊花还没有开放。他在短暂的疑惑之后，突然明白，按照菊花的品性，是要到风霜来临之后才开放的。自从南归之后，诗人本希望能得到南宋政权的重用，报效国家，展露才干，恢复中原，但没想到他的这些志向不仅未能实现，反而遭奸臣谗害，落得被迫过上闲居生活的下场。他虽寄情山水，但仍时常流露出一股愤愤不平之气。"要知烂熳开时节，直待西风一夜霜。"菊花还得等待刮一阵秋风，落一夜严霜才能开放。诗人赞美菊花不趋炎附势而傲霜凌寒的品格，同时也表明了自身的气节。

【作者简介】辛弃疾（1140—1207），字幼安，号稼轩，历城（今山东济南）人。南宋著名抗金将领、豪放派词人，有"词中之龙"之称。与苏轼合称"苏辛"，与李清照并称"济南二安"。

## 19.重阳后菊花二首
### 〔宋〕范成大

其一

寂寞东篱湿露华，依前金靥照泥沙。

世情儿女无高韵，只看重阳一日花。

其二

过了登高菊尚新，酒徒诗客断知闻。

恰如退士垂车后，势利交亲不到门。

——菊科家族

【诗文释义】（其一）重阳节后的菊花虽然还带着湿露，鲜嫩可爱，但已经无人来赏。与重阳节前比并没有差异，金色的菊蕊依旧照着地上的泥沙。但世俗之人没有超脱的情趣，不懂赏花，只知道看重阳节那一天的菊花。（其二）过了重阳节之后，菊花还是很新嫩的，但所谓的酒徒与诗客都已散去，不再来赏菊花了。这就好像做官的人辞官之后，亲朋故友都不再到门探访一样。两首诗均借花抒感，讽刺世人没有高雅情趣，只在重阳节那天观赏菊花，节后就弃之不顾。诗人对菊花虽遭受冷落却依然灿烂的高洁品行进行了赞美。

【作者简介】范成大（1126—1193），字致能，一字幼元，早年自号此山居士，晚号石湖居士。汉族，平江府吴县（今江苏苏州）人。南宋名臣、文学家、诗人。

## 20. 赵昌寒菊

〔宋〕苏轼

轻肌弱骨散幽葩，更将金蕊泛流霞。

欲知却老延龄药，百草摧时始起花。

【诗文释义】在诗人看来，菊花肌骨轻弱，散发出清幽的香气，金黄的花蕊与天边的流霞相映成趣。菊花开得晚，也开得奇，每年都盛开在秋天百草摧折的肃杀之际。在本不该有生命的深秋时节，菊花却依然怒放，在一切衰败之时，菊花却风采正盛。诗人将菊的枝、叶、花比喻为清丽佳人，见诗如见花，见花如见人。苏轼重阳词中出现的菊意象大都直接与节日的习俗相关，如赏菊，"此会应须烂醉，仍把紫菊茱萸，细看重嗅"。

【作者简介】苏轼（1037—1101），字子瞻，又字和仲，号铁冠道人、东坡居士，世称苏东坡、苏仙、坡仙。汉族，眉州眉山（今四川眉山）人，北宋文学家、书法家、美食家、政治家、艺术家。苏轼擅长诗、词、文、书、画，为"唐宋八大家"之一，与父亲苏洵、弟弟苏辙合称"三苏"。

# 21. 满庭芳·碧水惊秋

〔宋〕秦观

　　碧水惊秋，黄云凝暮，败叶零乱空阶。洞房人静，斜月照徘徊。又是重阳近也，几处处，砧杵声催。西窗下，风摇翠竹，疑是故人来。

　　伤怀。增怅望，新欢易失，往事难猜。问篱边黄菊，知为谁开？谩道愁须殢酒，酒未醒、愁已先回。凭阑久，金波渐转，白露点苍苔。

【诗文释义】碧清的水面上冷冷的秋光使人心惊，黄云在暮色中凝聚，台阶上到处是零乱破败的落叶。室内悄无人声，月光斜斜地照进来，照着诗人独自徘徊。又一个重阳节临近了，到处是催人的捣衣声。西窗下，微风吹动竹丛，让人怀疑是故人到来。宦海的风波，使人与人之间的情感变得非常脆弱；而仕途上的是非往往是无事生非，谁又能说得清楚。问问篱边的黄菊，不知是为谁而开？不要随便说什么以酒浇愁，其实，酒还没有醒，愁就已经先回来了。凭栏沉思了很久，月亮渐渐西沉，苍苔上已生出点点白露。西风寒菊点缀着荒寂的驿馆，词人孤旅天涯，内心频受煎熬，写尽了伶仃孤处的滋味。词中泪水盈盈，情调悲苦。

【作者简介】秦观（1049—1100），字少游，又字太虚，号淮海居士，别号邗沟居士，北宋高邮（今江苏高邮）人。"苏门四学士"之一，北宋文学家、婉约派词人。

## 22.蝶恋花·黄菊开时伤聚散
### 〔宋〕晏几道

黄菊开时伤聚散。曾记花前,共说深深愿。重见金英人未见。相思一夜天涯远。

罗带同心闲结遍。带易成双,人恨成双晚。欲写彩笺书别怨。泪痕早已先书满。

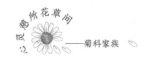

灵魂你花草间
——菊科家族

【诗文释义】黄菊开时，是你我离别之时，也是相约重逢之时，还记得我和深深相爱的心上人在菊花前海誓山盟。等待了一年，菊花依旧，心上人却没有如约出现，才发觉心上人已经远离了自己。愿君心似我心，定不负相思意，我带着难以承受的痛苦昼夜不停地织着同心结，内心深处坚信还会和心上人相聚，然而，日复一日，纵然同心结打满了整条带子，心上人仍然音讯全无。我想把浓浓的思念之情寄于书信，于是拿出纸笔，却未下笔泪先流，委屈绝望的泪珠湿透了信笺。这是一首感秋怀人的离别相思之词。

【作者简介】晏几道（1038—1110），北宋著名词人。字叔原，号小山，汉族，抚州临川（今江西抚州）人，晏殊第七子。其词长于小令，内容多为追怀往事，凄楚沉挚，深婉秀逸。著有《小山词》。

## 23. 醉花阴·薄雾浓云愁永昼

〔宋〕李清照

薄雾浓云愁永昼，瑞脑销金兽。佳节又重阳，玉枕纱厨，半夜凉初透。

东篱把酒黄昏后，有暗香盈袖。莫道不销魂，帘卷西风，人比黄花瘦。

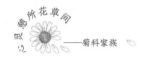
【诗文释义】菊花开时想念远方的亲人，菊花残了离人更悲苦，花开花落总是"伤聚散"。西风吹卷帘幕，菊花在九九重阳节盛开，词人思念外地做官的丈夫，认为自己因思念而憔悴，比秋风摧残下的菊花还要消瘦。"人比黄花瘦"的"瘦"字形象地抒写了相思之苦。菊花多次出现在李清照的诗词中，如"满地黄花堆积，憔悴损，如今有谁堪摘？"黄花即指代菊花。丈夫过世留下她孤身一人，国家沦丧，故乡陷于外邦之手，词人随军南下颠沛流离、饱尝人间辛酸，于是有了憔悴、飘零的悠悠情思。

【作者简介】李清照（1084—约1155），号易安居士，汉族，齐州章丘（今山东济南）人。宋代女词人，婉约词派代表人物，有"千古第一才女"之称。

## 24. 行军九日思长安故园

〔宋〕岑参

强欲登高去，无人送酒来。
遥怜故园菊，应傍战场开。

【诗文释义】九月九日重阳佳节，勉强登上高处远眺，然而在这战乱的行军途中，没有谁能送酒来。遥想故乡长安园中的菊花，心生怜惜，它们应该在这战场上零星地开放了。唐玄宗天宝十四年（755），安禄山起兵叛乱，次年长安被攻陷。唐肃宗至德二年（757）二月，肃宗由彭原行军至凤翔，岑参随行，当时还未收复长安。这首诗由欲登高而引出无人送酒的联想，又由无人送酒遥想到故园之菊，复由故园之菊而慨叹故园为战场，蝉联而下，犹如弹丸脱手，圆美流转。诗人写思乡，没有泛泛地、笼统地写，而是特别强调思念、怜惜长安故园的菊花，使读者仿佛看到了一幅鲜明的战乱图：长安城中战火纷飞，血染天街，断墙残壁间，一丛丛菊花寂寞地开放着。此处的想象之辞已经突破了单纯的惜花和思乡，而寄托着诗人对饱经战争忧患的人民的同情，对早日平定安史之乱的渴望。

【作者简介】岑参（约715—770），荆州江陵（今湖北荆州）人，唐代诗人，与高适并称"高岑"。文学创作方面，岑参工诗，长于七言歌行，对边塞风光、军旅生活，以及异域的文化风俗有亲切的感受，故其边塞诗尤多佳作。

## 25. 渔家傲·九月重阳还又到

〔宋〕欧阳修

九月重阳还又到，东篱菊放金钱小。月下风前愁不少。谁语笑，吴娘捣练腰肢袅。

槁叶半轩慵更扫，凭阑岂是闲临眺？欲向南云新雁道。休草草，来时觅取伊消耗。

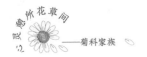

【诗文释义】九月九日重阳节又到了,东篱的菊花绽放,小如金钱。秋月朦胧,秋风习习,很多人愁绪顿生,可也有人欢声笑语,是谁呢?原来是吴地身段苗条、体态婀娜的捣练美女。下片紧承"月下风前愁不少",写枯槁的树叶落满长廊,抒情主人公也无心打扫。她凭栏远眺,希望能叮嘱南行的云彩和大雁:你们回来时一定不要匆匆而过,请一定带回来远方他的音讯。

【作者简介】欧阳修(1007—1072),字永叔,号醉翁,晚号六一居士,吉州永丰(今江西永丰)人,北宋政治家、文学家。欧阳修是在宋代文学史上最早开创一代文风的文坛领袖,与韩愈、柳宗元、苏轼、苏洵、苏辙、王安石、曾巩合称"唐宋八大家",并与韩愈、柳宗元、苏轼被后人合称"千古文章四大家"。

## 26.寒菊

〔宋〕郑思肖

花开不并百花丛,独立疏篱趣未穷。

宁可枝头抱香死,何曾吹落北风中。

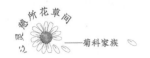

【诗文释义】菊花与世疏离，不和百花一同开放，喜欢独自在篱笆边悄悄绽放，别有一番趣味。菊花的生命哪怕衰败，也要在枝头紧守自己的清香，而不曾随着北风飘散。南宋爱国诗人郑思肖托物言志，菊花成了高尚人格的写照，诗中也有一种凛然傲骨。诗人在南宋亡后，隐居苏州，但时时不忘故国。他借菊花独自开放，宁可枯死枝头也决不落地的高尚品格，表示他不与世俗同流合污，决不向元朝统治者屈膝投降的崇高的民族气节。

【作者简介】郑思肖（1241—1318），南宋诗人、画家。字忆翁，表示不忘故国；号所南，日常坐卧，要向南背北。亦自称菊山后人、景定诗人、三外野人等。郑思肖擅长作墨兰，花叶萧疏而不画根土，意寓宋土地已被掠夺。著有诗集《心史》等。

## 27. 黄花

〔宋〕朱淑真

土花能白又能红，晚节犹能爱此工。
宁可抱香枝上老，不随黄叶舞秋风。

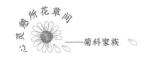
【诗文释义】这首诗表现了诗人对世俗礼教的抗争精神和对于独立人格的不屈追求。"宁可抱香枝上老,不随黄叶舞秋风"咏赞菊花的高洁并借以喻人,形容一种从一而终,坚守晚节的气节,表达了诗人宁可守着高尚的信念"死在枝头",也不愿意跟随浑浊的世俗(黄叶)去改变自己的处事作风(舞秋风)。

【作者简介】朱淑真(约1135—约1180),号幽栖居士,钱塘(今浙江杭州)人,祖籍安徽歙州(今安徽歙县)。后人将她与李清照、薛涛、唐婉等人并誉为"中国历史十大才女"。著有诗集《断肠集》、词集《断肠词》。

## 28. 白菊

〔宋〕史铸

玉攒碎叶尘难染，露湿香心粉自匀。

一夜小园开似雪，清香自是药中珍。

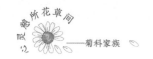

【诗文释义】细小的叶片聚拢托起花朵，白菊如同纯洁无瑕的玉石，一丝尘土都很难沾染。露水打湿了花蕊，香气透心，花粉匀称。一夜之间，整个小园开满了白菊，仿佛落了一场雪，淡淡的菊花香气清新无比，闻起来犹如药中珍品。诗人描写的白菊指大滨菊，这是一种干净无瑕、小巧精致，象征着天真单纯的菊科植物，可以赠送给朋友、恋人以表真情。

【作者简介】史铸，生卒年不详，字颜甫，号愚斋，山阴（今浙江绍兴）人，生平经历不详，晚年爱菊。著有《百菊集谱》正文六卷，补遗一卷。

## 29. 和尧章九日送菊·其二

〔宋〕王炎

花品若将人品较，此花风味似吾儒。

秋英餐罢含清思，曾有离骚续笔无？

【诗文释义】如果拿花的品质和人的品质作比较，这种花的风骨韵味倒是和我这个儒生挺像的。赏完秋英，用完餐，心中满是清雅美好的情思，有没有人曾经续写过《离骚》呢？诗中的"秋英"指菊科秋英属植物。

【作者简介】王炎（1137—1218），字晦叔，又字晦仲，号双溪，婺源（今江西）人。

## 30. 浣溪沙·寿蔡子及

〔宋〕洪咨夔

小雨轻霜作嫩寒,蜡梅开尽菊花干。清香收拾贮诗肝。
文武两魁前样在,功名四谏后来看。麻姑进酒斗阑干。

——菊科家族

【诗文释义】细雨轻轻地洒落人间，秋天就快要到来。这时美丽的蜡菊悄然开放，装点了这悲凉的世界，蜡菊的馨香沁人心脾，让人久久回味无穷。我能文能武，却始终不被朝廷看重和欣赏，只有借酒消愁才能消得了我的悲伤情绪。这里的菊指的是蜡菊。

【作者简介】洪咨夔（1176—1236），南宋诗人，字舜俞，号平斋，於潜（今浙江临安）人。

# 31. 菊枕诗

〔宋〕陆游

### 其一

采得黄花作枕囊，曲屏深幌闷幽香。

唤回四十三年梦，灯暗无人说断肠。

### 其二

少日曾题菊枕诗，蠹编残稿锁蛛丝。

人间万事消磨尽，只有清香似旧时。

【诗文释义】（其一）采来菊花作枕芯，菊花枕在深闺的屏风帷幌里散发着幽香。这些都是四十三年前的场景，往事如梦，现在在昏暗的灯光下，却无人诉说这段悲伤断肠的往事。（其二）年少时我曾写过《菊枕诗》，如今已因年代久远都被蠹虫蛀坏，残稿结满蛛丝。四十多年过去，人间万事都已消磨殆尽，只有菊花的清香还是与过去一样。

【作者简介】陆游（1125—1210），字务观，号放翁，汉族，越州山阴（今浙江绍兴）人，南宋文学家、史学家、爱国诗人，尚书右丞陆佃之孙。

## 32.诉衷情·芙蓉金菊斗馨香

〔宋〕晏殊

芙蓉金菊斗馨香，天气欲重阳。远村秋色如画，红树间疏黄。

流水淡，碧天长，路茫茫。凭高目断，鸿雁来时，无限思量。

【诗文释义】重阳节快要到来的时候，芙蓉和金菊争芳斗妍。远处乡村的秋色如在画中一般美丽，浓密的红叶间夹杂着稀疏的黄色，鲜亮可爱。秋水清浅无波，清澈明净；天高气爽，万里无云，前路茫茫没有边际。我登高远望，看到鸿雁飞来，心中涌起无限的思念。

【作者简介】晏殊（991—1055），字同叔，抚州临川（今江西抚州）人，北宋政治家、文学家。

## 33. 送王郎

〔宋〕黄庭坚

酌君以蒲城桑落之酒，泛君以湘累秋菊之英。

赠君以黔川点漆之墨，送君以阳关堕泪之声。

酒浇胸次之磊块，菊制短世之颓龄。

墨以传万古文章之印，歌以写一家兄弟之情。

江山千里俱头白，骨肉十年终眼青。

连床夜语鸡戒晓，书囊无底谈未了。

有功翰墨乃如此，何恨远别音书少。

炒沙作糜终不饱，镂冰文章费工巧。

要须心地收汗马，孔孟行世日杲杲。

有弟有弟力持家，妇能养姑供珍鲑。

儿大诗书女丝麻，公但读书煮春茶。

【诗文释义】请你喝蒲城产的桑落美酒，再在酒杯里浮上几片屈原曾经吃过的菊花。送给你黟川出产的亮黑如漆的名墨，又送上凄凉动情、催人泪下的阳关曲。美酒使你胸中郁塞的磊块尽化，秋菊使你停止衰老寿数无涯。名墨让你写下流传万古的佳作，歌曲使你感受到兄弟间情义无价。我们都已头发斑白流落天涯，十年来骨肉情谊，青眼相加。今天我们睡在一起彻夜长谈，不觉鸡已报晓。你满腹诗书，口若悬河，说个不停。学问精进到了这个地步，怎能为远别后音书难通抱恨怨恼？把沙石炒热终究不能当饭谋求一饱，在冰块上雕花只是白白地追求工巧。请你收敛心神沉潜道义，定能体会出孔孟学术的精要。你有弟弟能够勤俭持家，妻子又孝敬婆婆。儿子长大了能读诗书，女儿能纺丝麻。你呢，只要安心地享乐，读书之余，品味新茶。

【作者简介】黄庭坚（1045—1105），字鲁直，自号山谷道人，晚号涪翁，洪州分宁（今江西修水）人，北宋著名文学家、书法家、"江西诗派"开山之祖。

## 34. 为鲜于彦鲁赋十月菊

### 〔金〕元好问

清霜淅淅散银沙，惊见芳丛阅岁华。

借暖定谁留翠被，炼颜端自有丹砂。

秋香旧入骚人赋，晚节今传好事家。

不是西风苦留客，衰迟久已避梅花。

【诗文释义】诗人对菊花的傲骨节气表示了肯定，认为它可以和梅花的品格相比，表达了诗人对菊花的热爱和赞美。

【作者简介】元好问（1190—1257），字裕之，号遗山，世称遗山先生。太原秀容（今山西忻州）人。金朝末年至大蒙古国时期文学家、历史学家。

## 35. 拨不断·菊花开

### 〔元〕马致远

菊花开，正归来。伴虎溪僧、鹤林友、龙山客，似杜工部、陶渊明、李太白，在洞庭柑、东阳酒、西湖蟹。哎，楚三闾休怪！

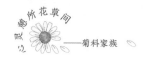
灵魂所花草间
——菊科家族

【诗文释义】在仕途淹蹇了大半生的诗人，终于在菊花盛开的时候，像陶渊明一样回归田园了。他用鼎足对，一口气表达了自己归来后的志趣：伴着虎溪的高僧、鹤林的好友、龙山的名士，好像那杜甫、陶渊明和李白，还有洞庭山的柑橘、金华的名酒、西湖的肥蟹。哎，楚大夫你可不要见怪呀！诗人知道自己这样说会招来一些怀有济世抱负之人的非议，但之所以这样，并非是因为自己过于消极，而是因为自己看穿了，他这样的人在混沌的宦海风波之中是很难有所成就的。那么，何不去向自己心中的远方？

【作者简介】马致远（约1251—1321以后），字千里，号东篱，大都（今北京）人，元代著名戏曲家、杂剧家。被后人誉为"马神仙"，还有"曲状元"之称，与关汉卿、郑光祖、白朴并称"元曲四大家"，作品《天净沙·秋思》被称为"秋思之祖"。

# 36. 菊花

〔明〕唐寅

故园三径吐幽丛，一夜玄霜坠碧空。

多少天涯未归客，尽借篱落看秋风。

【诗文释义】老旧园子里的小路旁已经长出了幽幽花丛，夜间白霜从天空坠下落在花上。有多少远在他乡为客的未归人啊，只能借着篱笆看看秋天的景色。诗人先描写故园中菊花开放的情形，它们开得并不张扬，而是淡淡地幽然地开放，而且开得那么突然，好像是一夜的霜降后从天空坠落一般，写出了菊花高傲、不铺排张扬，但内涵丰沛，在淡然中凸现其品质的特点。后两句诗人托物起兴，以菊花自比。沦落天涯的文人骚客从这篱笆里面开放的秋菊中看尽了浓浓衰飒的秋意，看到了自己的影子。自陶渊明以来，菊花就是隐士、高洁的象征，诗人借菊花表现自己的高洁品格。

【作者简介】唐寅（1470—1524），字伯虎，一字子畏，号六如居士、桃花庵主、鲁国唐生、逃禅仙吏等，明代画家、书法家、诗人。在诗文上，与祝允明、文徵明、徐祯卿并称"吴中四才子"。

## 37. 野人饷菊有感

〔明〕张煌言

战罢秋风笑物华，野人偏自献黄花。

已看铁骨经霜老，莫遣金心带雨斜。

【诗文释义】我在飒飒秋风中酣战方休，笑看周围的美景，乡间的百姓偏偏送我一束菊花。战斗间隙，诗人才有心以审美的眼光观赏这宜人的景物，也透露出作者对祖国美好景物的热爱之情。乡间百姓为什么偏偏献上菊花呢？在中国传统文化中，菊花一直是坚贞的象征。自陶渊明"芳菊开林耀，青松冠岩列。怀此贞秀姿，卓为霜下杰"（《和郭主簿》）及"采菊东篱下，悠然见南山"（《饮酒》）开始，就赋予菊花以孤高绝俗的品格。古人甚至将梅、兰、竹、菊合称为花中"四君子"。可见，乡人偏自献菊花，是对抗清英雄的崇高礼赞。该诗通过写菊花的凌霜贞姿，又突出了诗人的英雄品格。已见菊花铁一般的枝茎经霜渐老，莫要让那花朵再遭受斜风冷雨的摧残。是写菊，又是写人；是写景，又是抒情。那铮铮硬骨，那赤胆忠心，足可使"顽夫廉，懦夫有立志"。张煌言的这首诗赋予了菊花独特的战斗风貌，可与黄巢诗媲美，读起来荡气回肠。

【作者简介】张煌言（1620—1664），字玄著，号苍水，鄞县（今浙江宁波）人，汉族，南明儒将、诗人，著名抗清英雄，谥号忠烈。其诗文多是在战斗生涯中写成，质朴悲壮，表现出忧国忧民的爱国热情，有《张苍水集》传世。张煌言与岳飞、于谦并称"西湖三杰"。

## 38. 菊

〔明〕沈周

秋满篱根始见花，却从冷淡遇繁华。
西风门径含香在，除却陶家到我家。

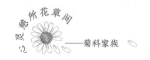

【诗文释义】深秋，百草凋零，众芳摇落，木叶萧萧，天地简净，一片枯寂萧条的背景下，唯有菊花徐徐开放。首联的"始"字，将菊花从容不迫的风姿尽出。门前小径遍开菊花，秋风过处，菊香满径，菊香盈门，菊香入室。"除却陶家到我家"点旨言志，拈出千古隐逸之宗陶渊明，自傲处，亦是自我的期许处。君子自守内心繁华，安于当下，不管外境如何，总要努力保持内心的修养准则，只要内心恒定如一，不随环境的变迁患得患失，终会自得繁华。诗人便是如此，他一生没有走科举之路，而是寄情书画，在水墨天地里安顿心灵、追求自由，布衣终身。

【作者简介】沈周（1427—1509），字启南，号石田、白石翁、玉田生、有竹居主人，长洲（今江苏苏州）人，明代著名画家、书法家、文学家。一生不应科举，专事诗文、书画，是明代中期文人画"吴派"的开创者，与文徵明、唐寅、仇英并称"明四家"。

## 39. 咏菊

〔明〕丘濬

浅红淡白间深黄，簇簇新妆阵阵香。

无限枝头好颜色，可怜开不为重阳。

【诗文释义】一丛丛菊花绽放吐蕊，或浅红或淡白色的花瓣里间杂着深黄，像是染上了新妆，散发出阵阵幽香。不到重阳，海南的菊花就开放得如此美好清芬，它的可爱之处，就在于它不屑于应时而开，供人观赏。这种不受节候限制的顽强生命力正是自然之美的生动体现。咏物诗妙在神与物游，情与景谐，在不即不离之间使形似与神似浑然天成，完美结合。

【作者简介】丘濬（1421—1495），字仲深，广东琼山（今海南海口）人。明代中期著名的政治家和思想家，研究领域涉政治、经济、文学、医学等，著述甚丰。同海瑞合称"海南双璧"。

## 40. 过菊江亭

〔明〕于谦

杖履逍遥五柳旁，一辞独擅晋文章。

黄花本是无情物，也共先生晚节香。

【诗文释义】诗人扶着拐杖缓缓漫步在陶宅前的五棵柳树旁，不禁想到陶渊明先生的《归去来兮辞》独揽晋代诗篇。菊花是没有感情的事物，却也能同先生的名声一样，并没有随时间的消磨而淡去。

【作者简介】于谦（1398—1457），字廷益，号节庵，汉族，钱塘（今浙江杭州）人，明朝名臣、民族英雄。

## 41. 新秋晚眺（节选）

〔清〕德隐

修竹傍林开，乔松倚岩列。

黄菊散芳丛，清泉凝白雪。

【诗文释义】修长的竹子依靠着林木生长，高大的松树靠着成排成列的山岩。丛生的繁花中零散着几株黄菊，泉水如晶莹的白雪那样清澈透亮。诗中的"菊"指的是金盏菊。

【作者简介】德隐，清初江苏太湖洞庭西山香林庵女僧，苏州人，俗名赵昭，字子惠。诗风格调深沉，意境悠远，当时颇享诗名。著有《侣云居稿》。

## 42. 菩萨蛮·端午日咏盆中菊

〔清〕顾太清

　　薰风殿阁樱桃节，碧纱窗下沈檀爇。小扇引微凉，悠悠夏日长。

　　野人知趣甚，不向炎凉问。老圃好栽培，菊花五月开。

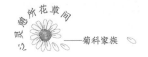

【诗文释义】温暖的南风吹满殿阁，樱桃也成熟了，碧纱窗下熏香袅袅。扇子扇起了微微凉风，夏日悠悠且漫长。看到盆里开着的菊花，十分欣喜，炎炎夏日又有何妨。有经验的菜农擅长侍弄花草，才能让菊花在五月开放。这是一首咏花词。菊在秋季开放，但这里所咏的盆中菊在端午开放，词人在初夏欣赏到了秋季的花卉，自然格外欣喜。上片先渲染盆中菊开放的夏日气候，下片以"野人知趣甚，不向炎凉问"，写出因花开而洋溢欣喜之情。词人在欣喜之余，唯有赞叹栽培它的花匠："老圃好栽培，菊花五月开"。全词最后才说出这一"菊"字，惊叹、欣喜之情灵动地展现在其中。

【作者简介】顾太清（1799—1877），名春，字梅仙。原姓西林觉罗氏，满洲镶蓝旗人。清代著名女词人，被现代文学界公认为"清代第一女词人"。晚年以道号"云槎外史"之名著小说《红楼梦影》，成为中国小说史上第一位女性小说家。其文采见识，非同凡响，因而八旗论词，有"男中成容若（纳兰性德），女中太清春（顾太清）"之语。

# 43. 九日吴山宴集值雨次韵

## 〔清〕序灯

吟怀未许老重阳，霜雪无端入鬓长。

几度白衣虚令节，致疑黄菊是孤芳。

野心一片湖云外，灏气三秋海日旁。

山阁若逢阎伯屿，方君诗思敌王郎。

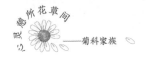

【诗文释义】诗题中的"九日"指农历九月初九日，称重九，即重阳节。吴山在今浙江省杭州市西湖东南，因春秋时为吴之南界，故名。又名胥山，因伍子胥而得名。这是诗人序灯于重阳佳节在吴山与众友聚宴正值下雨时，次友人之韵而作的一首七言律诗。诗中主要描述仲秋季节秋高气爽，湖天空阔的清新景色。诗人既慨叹自己年华渐老，亦称颂友人诗才高迈。诗中用了不少历史典故，皆贴切准确，更增诗情诗味。

【作者简介】序灯，字奕是，明末清初浙江法喜院僧，杭州人。著有《啸隐偶吟录》。

## 44.菩萨蛮·秋闺

〔清〕徐灿

西风几弄冰肌彻，玲珑晶枕愁双设。时节是重阳，菊花牵恨长。

鱼书经岁绝，烛泪流残月。梦也不分明，远山云乱横。

【诗文释义】这是一首闺怨词，是词人与其夫分居两地时所作。上片由景生情，秋风吹得我冰肌寒透，它那般不解人意，只顾一味恼人。身体感知的是时节的变迁，时节物候的变迁不免令人顾影生怜，即使美丽的水晶枕也徒为虚设。看着它们双倚的样子怎不使人感念自身的孤单。重阳节是登高的好日子，亲朋友伴原该簪上菊花，喜悦地相偕而出。而此时此刻，菊花这吉祥之物却牵出了几多对远方人的思念，让人恨恨难消！下片自道心事。恨的是远方人音信全无，自己独守闺中的深情，怕只有深夜时长燃的蜡烛和拂晓前的淡月相知吧。从傍晚到深夜，又从深夜到天明，彻夜不能成眠。想在梦中见他，却也恍恍惚惚，醒转来只见得一抹远山、乱云簇簇。这首小词将独守空闺女子的落寞凄苦之情表现得细腻而又蕴藉。

【作者简介】徐灿（约1618—1698），字湘蘋，又字明深、明霞，号深明，又号紫言。江南吴县（今江苏苏州）人。明末清初女词人、诗人、书画家，"蕉园五子"之一。工诗，尤长于词学。她的词多抒发故国之思、兴亡之感，又善属文、精书画，所画仕女设色淡雅、笔法古秀、工净有度，晚年多画水墨观音，间作花草。

## 45. 问菊

〔清〕曹雪芹

欲讯秋情众莫知，喃喃负手叩东篱。

孤标傲世偕谁隐，一样花开为底迟？

圃露庭霜何寂寞，鸿归蛩病可相思？

休言举世无谈者，解语何妨话片时。

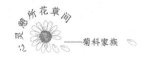

【诗文释义】我想要问询秋天的信息，众人皆不知，我背着手，口中念念有词地叩问东篱下栽种的菊花。孤标傲世的人应该找谁一起归隐？为什么同样是开花，你却比春花更迟？空荡荡的庭院落满霜露，那是何等的寂寞。大雁南归、蟋蟀停止了鸣叫，可曾引起你的相思？不要说世界上没有人能与你交谈，你哪怕能与我说上片言只语，我们也能相互理解对方的心思。诗人把菊花引为知己、知音，向它提出了郁积于心的许多问题。问菊就是问自己，答案也都包含在问题之中。你那样心高气傲，傲然独立于尘世风霜之中，没人能和你结伴生活。你不在春天和百花一起开放、争妍斗艳，却到了深秋才开放，一种深沉的寂寞感、孤独感扑面而来。这就是觉醒之后的黛玉的心理的深切描写，这首诗也深沉地揭示了诗人的精神世界。

【作者简介】曹雪芹（约1715—约1763），名霑，字梦阮，号雪芹，又号芹溪、芹圃。清代著名文学家、小说家。爱好研究广泛，金石、诗书、绘画、园林、中医、织补、工艺、饮食等无所不涉。他出身于一个大官僚地主家庭，因家庭的衰败饱尝人世辛酸，后以坚韧不拔的毅力，历经多年艰辛，创作出了极具思想性、艺术性的伟大作品《红楼梦》。

# 第四章 指尖上的“菊”艺

随着社会发展和人民物质、文化生活水平的提高，与花草为伴已成为一种时尚。这世上有很多美好事物，让生活映染了芳华，与花卉草木打交道便是其中特别的一种。年年岁岁，光阴似水，我却喜欢雨后"苔痕上阶绿，草色入帘青"的美好；四季变换，斗转星移，不必问询日历，自有花草说与、诉与我。憧憬有一座城堡，里面有种满鲜花的花园。春天姹紫嫣红，草长莺飞；夏天郁郁葱葱，万物激萌；秋天满树红叶，硕果累累；冬天白雪皑皑，银装素裹。在温暖的午后，坐在阳光房里，闻着花香；夜深时透过屋顶的玻璃，看漫天的星星；把大自然的绿色搬进室内，享受浪漫和温情。四季与花木草为伴，满满都是幸福。

英国 BBC 栏目著名主持人蒙提·唐（Monty Don），在其主持的节目《园艺世界》中用亲和的笑容娓娓道来花园的种植和生活，令人心驰神往。令人不曾想到的是，他竟然曾经是一位抑郁症患者，直到他买了英国乡下一栋破房子，在修葺的同时也打理花草，不知不觉间，在与花草相处中，他的抑郁症悄

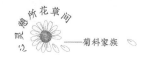
然自愈，也因为花草，他开始了人生的新篇章。他是幸运的，因为遇到了花草，而生活中，并不是所有的人都会遇到这份幸运，在日积月累的工作生活压力下，周围的朋友或多或少地产生了苦闷、抑郁的心情，他们常常羡慕我可以每天和花草打交道。其实，生命中到处都是美好，上帝创造的这个世界本来就是美丽的，夕阳下灿烂的晚霞、夜晚满天的星斗、公园里携手相扶的老人、孩子们的欢声笑语……美好，其实一直存在。作为一名园艺工作者，每天接触大自然，看着那些怒放的花儿们，心情也跟着好了起来，而与植物花草为伴并将其做成事业，分享美丽给大家，更是我们的梦想。对于和花草树木相处的观念，大多数人还是停留在去花市买几盆花，或者是大热天戴着帽子挥舞铲子等，其实种养花草已是一种时尚健康的生活方式，也是融于大自然，又超脱于大自然的美好。

让我们驻足大自然，亲临花草间，用指尖雅作菊科花卉，忘掉忙碌的工作，忘掉生活的琐碎。手作总能带给我欢乐和喜悦，每一件作品的完成都让人无比有成就感，在这个浮躁的世界里，让我们感受生机盎然，停下脚步，让阳光照进心里，让心灵感受生活，从容地思考人生本来的样子，这大概就是"心灵憩所花草间"。

# 1. 寻找最初的颜色——手作草木染

植物染色，又称"草木染"，是采用大自然中原生态的天然植物为染料源为织物上色的方法。通过媒染、拼色和套染等技术印染出的色彩旖旎的纺织工艺品，有着如同被岁月漂洗后的颜色，带着一种宁静的、生活的味道，是色彩与时间、自然的结晶。草木染取材于自然，使用后色素能分解回归自然，使自然资源生生不息，更加绿色环保。菊科植物中有杀菌消炎作用的艾草、对人体有呵护保养作用的红花等，都可用来染色。现代人们越来越推崇环保自然，将自然界花草树木的茎叶、果实、种子充分利用，取其自然而顺其自然，给予人类植物纯净的材质，给予肌肤自由的呼吸，让身体回归自然。斑斓而柔和的色彩、亲肤温润的手感、草木花朵的芬芳，让人们的视觉、触觉、嗅觉都得以满足。草木染不光可以染丝巾，也可以处理我们穿过的旧衣服。衣服使用时间长了，颜色发旧，弃之可惜，穿又影响美观。那就为它做一次草木染，使旧衣换新颜！

所需材料：一块布料、一根棍子、菊科花卉和蒸笼。

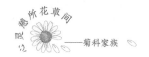

制作过程：

（1）平铺布料，将菊科植物鲜花的花瓣和叶子均匀地放在布料上面。

（2）排列完成后，将棍子放到一端，然后滚动，将布料卷起来，再用麻绳或线绑好。

（3）确保麻绳绑紧之后，放入蒸笼，大概蒸1个小时。

（4）蒸好后自然冷却，如果想得到更深的颜色，可以放入密闭保鲜袋放置几天。

（5）解开麻绳，去掉上面的花瓣和叶子，挂起来晾干。

小提示：经过草木染的衣物不能晒哦，一定要晾干才能使颜色固定下来。

## 2.浸取大自然的礼物——植物精油

植物精油提取了植物的灵魂，是大自然赐予人类最美的礼物之一。植物精油是萃取植物特有的芳香物质，不但给人们的生活带来芬芳，还可以缓解社会竞争带来的各种心理压力，舒缓陈年旧疾给人们带来的伤痛。精油的种类很多，不同种类的精油有不同的功效，像神奇的小精灵一样。芳香疗愈中有很多菊科花草精油，菊科植物的精油气味独特，不常被大众所喜爱，即使是花朵萃取的精油，气味也不是很好闻，需要稀释得很淡，气味才能较好。日常生活中我们熟悉的菊科植物如杭白菊、蒲公英、向日葵等的精油，最常被用来消炎镇静。

所需材料：基础油（一般选择没什么气味的橄榄油）、不锈钢锅、植物、棉纱布、菊科花卉（蜡菊、洋甘菊、艾草、蓍草等）。

制作过程：根据需要的精油的纯度，可以加入不同量的植

物。但因为植物的含油量一般比较小，所以植物和基础油的比例应尽量大一些。

较快捷的方法是将阴干的植物和基础油一起放在锅中，文火煮6个小时以上，然后用棉纱布过滤到玻璃瓶中。如果希望得到较浓的精油，可以在过滤得到的油中重新加入植物，再倒回锅中接着煮。大约煮两三轮就可以了。

较慢的方法是将油和阴干的植物直接混合放在玻璃瓶中浸泡两个星期以上。这样避免了加热，损失的有益物质也会少一些。

如蜡菊精油，有非常好的抗炎、抗痉挛、抗病毒、杀菌、柔软皮肤、化痰等功效，可以缓解惊吓、畏惧、恐慌的情绪。它具有强烈的木质香，又带了点香料的感觉。蜡菊精油是一种"回春"精油，可以有效促进肌肤细胞再生，帮助解决青春痘问题，对减肥及塑身效果显著。

## 3. 天然纯净的美丽——手工皂

艾草对于土生土长的中国人而言是再熟悉不过的了，它具有顽强的生命力，芬芳怡人。在我们的生活中，艾草最常被用来泡水沐浴，可以祛病健体，在中医上也可以用来进行艾灸等。冬季容易干痒过敏的肌肤，尤其需要一块好皂。热爱植物手工的你，可以在冬天用易保存的陈艾来尝试一下自制艾草橄榄油皂。艾草皂没有张扬的味道，但艾草的叶子、花朵和挥发油赋予了它更深层次的自然味道。远离化学污染，让脆弱的皮肤在污浊的空气里透一口气，还自己和地球一份纯净。

所需材料：初榨橄榄油、氢氧化钠、艾草水（可以去中药房购买陈艾来熬制艾草水）。

制作过程：

（1）橄榄油、艾草水、氢氧化钠分别量好后备用。

（2）将提前一晚冻好的冰块放在大盆里，把装有艾草水的不锈钢盆放在装有冰块的盆里。

（3）用温度计测量橄榄油和艾草碱液的温度，二者皆在45℃左右，而且温差在10℃之内，即可混合。

（4）用搅拌器一边搅拌一边将橄榄油倒入艾草碱液中。一直搅拌至皂液变得浓稠，似奶昔状，在表面画图案清晰可见，即可入模。

（5）将皂液倒入模具（如果家中没有硅胶模具，可以用喝光的牛奶盒当模具装皂液，但不可以用里面带锡纸的牛奶盒）。冬天3天左右脱模，脱模后若手工皂还是比较软，可以风干2~3天再切皂，如果软硬适中，当时即可切皂。

艾草入皂的主要功效：消除疲劳，使人感到身心愉快；祛风，除湿，缓解皮肤瘙痒；治疗湿疮疥癣；抗菌及抗病毒，镇

静及抗过敏；驱蚊止痒，安神助眠；活血疏经，祛除内寒，使
皮肤白皙有光泽。

## 4.暖心有爱——菊科花卉手捧花

婚礼手捧花起源于西方，古代西方人认为，手捧花是婚礼
上的"守护使者"，气味浓烈的香料香草可以守护婚礼上的来
宾免遭厄运及疾病的侵害。现如今，全球各地的新娘都对此深
信不疑，不仅喜欢美丽的手捧花，还喜欢手捧花给婚礼带来的
意义。在婚礼中，新娘抛婚礼手捧花的环节也别具深意：没有
结婚的女子在婚礼上接到新娘抛出的手捧花，就会得到祝福，
意味着自己也能够找到幸福伴侣，成为下一位收获幸福的新
人。小小的婚礼手捧花，承载着新人的幸福美好和单身男女对
幸福的向往。

向日葵别名向阳花，是菊科向日葵属草本植物。将色彩明
亮的向日葵打造成新娘手捧花，特别适合户外婚礼使用。在阳

光明媚的户外婚礼上，一束灿烂的向日葵手捧花一定能让人惊艳。菊科植物澳洲鼓槌菊是天然干花的优良花材，花朵圆满，小巧可爱，且经久耐放，不会枯萎凋谢，因此其花语为永远的幸福。作为配花，它常出现在新娘手捧花及新郎胸花，或者桌花、蛋糕，甚至是餐馆菜单上的装饰上。菊科千里光属多年生草本植物银叶菊的高级感主要来自它的颜色，银叶菊的茎灰白色，叶被银白色柔毛，实在是太特别了，自然界中几乎见不到白色叶片的植物。银叶菊每片叶片上都有精致的缺裂，就像冬天的雪花，而且它的耐寒能力很好，可以在寒冷的雪天与洁白冰冷的雪花共存，所以在花艺方面的运用也很多。在花束、花篮、新娘手捧花等花艺作品中加入一些银叶菊，立刻就能让整个作品的气质有所提升。而且由于它颜色的特殊性，几乎跟所有花材都能很好地搭配。多年生草本植物非洲菊花朵硕大，花色丰富，是重要的切花装饰材料。菊花、月季、唐菖蒲、香石竹被称为世界"四大切花"。

## 5. 插花——让生活多点仪式感

菊花是中国十大名花之一，"花中四君子"（梅、兰、竹、菊）之一，也是世界"四大切花"（菊花、月季、香石竹、唐菖蒲）之一。菊花经历风霜，有顽强的生命力，因陶

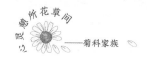

渊明的"采菊东篱下"得了"花中隐士"的称号。切花用的菊花因花期不同，分为寒菊、夏菊、国庆菊、秋菊等，品种十分繁多，中国菊花品种已逾3000种，其中绝大多数为传统盆栽秋菊。切花保鲜期长，是艺术插花的优良材料。在艺术插花中，菊花常与南天竹、红叶、秋果等材料组合，用于表达"秋韵"或"丰收"；也与梅、兰、竹配作传统的文人插花"四君子"。菊花还因其花瓣至干不落的特点，且自古以来就有"晚节寒香""清风晚节""寒英晚节"等赞誉，故对于值得敬重的老人，可选择赠送菊花，但在颜色上应讲究。以菊花为主题的艺术插花在造型上不需要用过多的颜色搭配，也不需要用太过华丽的花器款式，就可以很好地突出菊花的气质。还可在玻璃制作的色拉盘中插入各色波斯菊，摆上几种葡萄，盘上系扎白色和粉红色缎带。非洲菊又叫扶郎花，是"十大切花"之一，常用作插花材料。除了花柄和花冠，用于插花的非洲菊因为不带一片叶子而有一种清爽、简单、大方的美。十几只一束插在透明的花瓶里，房间里顿时生色，绽放着、弥漫着明亮和温馨，使人觉得干净又温暖。那略微低垂下来的花冠生出一种摇曳、动态的感觉，娇艳而不矫情，随意却富有诱惑力。

插花（芷欣拍摄）

## 6. 纸上绽放菊科花卉的美丽

"还记得年少时的梦吗？那是永远不凋零的花。"曾经年少，信手拾花，压入书本，每到秋季落叶缤纷时，人们喜欢捡各种树叶夹在书里，留住它们过往的风采，这种混着大自然味道的风干书签别有韵味。

压花取材于大自然中的花叶草木，并融合了人类的美学、植物学等知识，其中必不可少的就是每个人独一无二的创意。大多数花的花期只有几天，有些花甚至只能开一个清晨。通过把花压制成标本，使花瓣或整朵花彻底干燥，就能让它们的风采保持得更久。压制处理能让花保持它的形状和轮廓，甚至保留一丝气味，将整株植物一起压制成标本，能够将植物的形态特征长久地保留下来，这对植物分类来说意义重大。波斯菊、百日菊、矢车菊、硫华菊、天人菊等都可以被制作成花朵标本。

制作过程：将一本书打开，在上面铺一张厚的吸水纸。把花伸展平铺在吸水纸上，再拿另一张吸水纸盖在上面，将书合上，然后找一些很沉的书压在上面。等待至少一周后，将吸水纸小心地剥离下来，你就能欣赏到自己制作的花朵标本了。

银叶菊的叶片可以做成干花。将叶片夹在书本里一段时间，叶片就能变得干燥，而且厚厚的，颜色也不会变，很精致，可以作为书签使用。

# 第五章 舌尖上的"菊"味

鲜花入馔，古已有之。早在两千多年前，我国不少养生家及道家、佛家中人，出于养生保健、延年益寿的目的，就常以菊花为食。慈禧太后非常喜欢用菊花膳，比如菊花火锅、菊花茶等。大诗人屈原的《离骚》中更是有"朝饮木兰之坠露兮，夕餐秋菊之落英"的诗句，被传为千古佳话。所谓花馔，即用植物的花为原料烹制出的精美的菜肴和食品，是中国食疗文化的一个组成部分。鲜花含有多种人体所需的氨基酸及各种元素，具有一定的药用和保健功能，经常食用可增强体质、延年益寿。菊花自古被誉为"延寿客"，不仅具有清热解毒、疏肝明目之功效，并且对高血压、高血脂、动脉硬化都有良好的治疗效果。

# 1. 菊花茶

菊花茶可以说是最常见的一种菊花食用方式了。一般在泡菊花茶的时候，会选择白色或者黄色的菊花，用沸水冲泡3~5

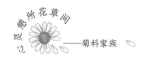

分钟即可。菊花茶香气浓郁，提神醒脑，而且有疏风清热、养肝明目的作用。除了单纯的菊花茶，还可以在茶水里面加蜂蜜，可以润肠通便、增强体质。

## 2. 菊花粥

将菊花作为食材，加入粳米进行熬制，可以做成菊花粥。先用小火熬煮粳米，然后加入洗干净的菊花，再煮约5分钟就可以做成美容养颜的菊花粥了。除此之外，还可以加一些银耳，做成银耳菊花粥，煮好之后加入蜂蜜，也具有很好的美容效果。

## 3. 菊花酒

很多花都可以用来酿酒，菊花酒也是别具风味。将米酒和菊花混合在一起，浸泡大约2周，就可以饮用了。

## 4. 洋甘菊茶

洋甘菊略带苦味，每次喝茶建议放3~4朵洋甘菊和冰糖一起泡制，或者添加适量蜂蜜，养颜功效与风味俱佳。热饮与冰饮均可，风味独特。可与玫瑰、薰衣草、枸杞、红枣等花果进行搭配饮用，口感和风味更为丰富醇香。

## 5. 佩兰藿香茶

原料：藿香、佩兰各10克，红茶5克，冰块适量。制法：将红茶、藿香、佩兰放入杯中，加入200毫升沸水冲

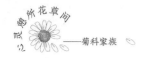
泡，再加盖闷约5分钟，然后倒入杯中晾凉，放入冰块调匀即可。佩兰藿香茶可以起到防暑祛湿的功效。

## 6. 甜叶菊茶

取2～4片甜叶菊的叶（根据个人喜好调节），放入400毫升左右的玻璃杯中。加入开水（100℃）约8分满，浸泡3～5分钟，即可趁热饮用。甜叶菊的叶作为甜味调剂品，味道独特，适合搭配很多花草，比如玫瑰、桃花等。甜叶菊叶内含甜菊素，正是拿来当作花草茶甘味料的最佳选择，其甜度约为一般蔗糖的200倍，卡路里极低，易溶于水，也具耐热性，不会增加身体的热量及糖分的负担。经常饮用甜叶菊茶可消除疲劳，降低血糖浓度。当人们希望茶里面有甜味时，可以将甜叶菊和其他花草一起冲泡饮用。

## 7. 万寿菊菜

万寿菊花可以食用，是花卉食谱中的名菜。将新鲜的万寿菊花瓣洗净晾干，再裹上面粉用油炸，其香味令人垂涎三尺。就如同臭豆腐一般，闻起来非常臭，油炸后却是香喷喷的，而且还很美味。

# 第六章　结语

## 让菊科花卉圆你花园梦、幸福梦！

选择花期不同的菊科植物来装点你的花园或花境是一个明智的选择，同时你也可以骄傲地告诉访客：这是一座菊科主题的花园。当然，这也将是一座"节约型"花园，因为通常同种属的花草植物多具有相近的习性和养护规律，主人养护起来会很方便。菊科观赏植物中有太多可以选择，春天的金鸡菊、玛格丽特、蓍草；夏天的大滨菊、松果菊、黑心菊；秋天的天人菊、蛇鞭菊、日光菊、万寿菊、荷兰菊……各种菊花的绽放贯穿春夏秋的整个花季。所有的花园主人都希望自己的花园三季有花、四季常青，那么菊科家族中有大把植物可供选择，足够让你眼花缭乱。通常在各地的花卉市场和苗圃都可以看到各类菊科观赏植物，选择哪些菊科植物作为花园的主打植物并非难事，难度在于如何让这些植物之间搭配和谐，色彩是其中的关键。你可以选择同色系的菊科观赏植物，比如经典的黄色系、纯洁的白色系、神秘的紫色系、热情的红色系，等等；也可以

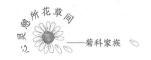

选择对比显著的多色系，比如金色和蓝色、白色和粉色，使它们营造出不一样的色彩效果，产生活泼生动、内容丰富的花园情境。花境中植物的安排可以遵循普遍适用的原则，前低后高，不要互相遮挡。花朵的大小也是需要考虑的部分，不要全部选择大花型的菊科植物，也不能都是小花型的。要做到大小搭配和谐，互为补充，让花境彰显平衡感——既不太过霸气，也不过于低调。从矮小的白晶菊、丛生的荷兰菊，到高大的大丽花，它们各有各的身材，于是也各有各的表现效果：春天的白晶菊适合种在花境的最外侧，仿佛花境的花边，也适合用盆栽形式来突现它纯洁的花朵；九月是荷兰菊的舞台，那么就用它紫得令人心醉的花朵来点缀花坛。当我们看着这些花朵、这些可爱的精灵怒放，喧嚣就会在你见到它们的那一刻停顿、消散。

爱一事一物，才能爱万事万物，和一朵花交朋友，打量春夏秋冬的表情，倾听花与万物的对话。养一盆菊科花卉，从今天起，开始关注它，关注它的每一片叶子，每一朵花瓣，给它关切，给它尊严，让它有一个忠诚的朋友，你的这个决定，它可能还不知道，但从明天开始，它会慢慢知道，有一个惶恐、困惑的人开始惦记它，它会让你感知幸福、快乐的人生。

# 参考文献

［1］陈俊愉，梁振强. 菊花探源：关于菊花起源的科学实验
　　　［J］. 科学画报，1964，9：353-354.

［2］戴思兰，王文奎，黄家平. 菊属系统学及菊花起源的研究
　　　进展［J］. 北京林业大学学报，2002，24（5）：230-
　　　234.

［3］陈俊愉. 中国菊花过去和今后对世界的贡献［J］. 中国
　　　园林，2005，21（9）：73-75.

［4］毛静，王彩云. 中国传统美学思想与菊花文化［J］. 中
　　　国园林，2005，21（9）：58-60.

［5］秦惠兰，黄意明. 菊文化［M］. 北京：中国农业出版
　　　社，2004.

［6］戴思兰. 中国菊花与世界园艺（综述）［J］. 河北科技
　　　师范学院学报，2004，18（2）：1-5.

［7］刘振林，戴思兰. 菊的品格［J］. 中国花卉园艺，
　　　2003（23）：46-47.

［8］岳薇，戴思兰. 中国古代菊花诗词研究［C］// 中国风

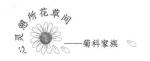

景园林学会．中国菊花研究论文集（2002—2006）．北

京：北京林业大学园林学院，2002．

［9］毛静，杨彦伶，王彩云．菊花的多元文化象征意义探讨

［J］．北京林业大学学报（社会科学版），2006，5

（3）：23-25．

［10］骆昌芹．中国罕见的菊科奇珍［J］．科学之友，2011

（12）：62．